Verständliche Wissenschaft Band 39

Hans Glatzel

Nahrung und Ernährung

Altbekanntes und Neuerforschtes

Dritte, völlig neubearbeitete Auflage

Mit 8 Abbildungen

Springer-Verlag
Berlin Heidelberg New York Tokyo 1984

Herausgeber: Professor Dr. Drs. h. c. Martin Lindauer
Zoologisches Institut der Universität
Röntgenring 10
8700 Würzburg

Professor Dr. med. habil. Hans Glatzel
Müggenbuscher Weg 5
2401 Groß Grönau/Lübeck

ISBN-13: 978-3-540-13170-0 e-ISBN-13: 978-3-642-82232-2
DOI: 10.1007/978-3-642-82232-2

CIP-Kurztitelaufnahme der Deutschen Bibliothek
Glatzel, Hans: Nahrung und Ernährung: Altbekanntes u. Neuerforschtes
Hans Glatzel. – 3., völlig neubearb. Aufl.
Berlin; Heidelberg; New York; Tokyo: Springer, 1984
(Verständliche Wissenschaft; Bd. 39)
ISBN-13: 978-3-540-13170-0
NE: GT

Gesamtherstellung: Petersche Druckerei GmbH & Co., Offset KG, Rothenburg ob der Tauber

2149/3130-543210

Für Robert zum 18. Juni 1984

Vorwort

Mit Nahrung und Ernährung befassen sich nicht nur Ärzte und Ernährungsphysiologen, Landwirte und Kaufleute, Hausfrauen und Köche, sondern auch Psychologen und Soziologen, Biochemiker und Anhänger von Glaubenslehren. Jeder hat das Recht, aus seiner Sicht die Dinge zu betrachten und für sein Verhalten die Konsequenz zu ziehen.

In diesem Bändchen werden aktuelle Fragen von Nahrung und Ernährung aus wissenschaftlicher Sicht dargestellt; genauer gesagt: aus der Sicht von Ernährungsphysiologie und Medizin.

Wissenschaftliche Einsichten kennzeichnen sich dadurch, daß sie von jedem logisch denkenden Menschen „als zwingend erfahren werden können ... Diese Einmütigkeit wissenschaftlicher Einsicht ist das Kennzeichen der Allgemeingültigkeit. Das Gegenteil ist die Nichtallgemeingültigkeit der philosophischen Überzeugung" *(Jaspers).*

Aus diesem Grunde sind Kontroversen zwischen wissenschaftlichen Erkenntnissen auf der einen, Ideologien und Glaubenslehren auf der anderen Seite wenig sinnvoll.

Inhaltlich hat die 3. Auflage ein anderes Gesicht als die 1. Die Erklärung: der Umfang ist begrenzt, die Gewichte spezieller Themen aber, die Aktualitäten, haben sich verschoben. Dementsprechend sind die Abschnitte über die pflanzlichen und tierischen Nahrungsmittel (Lebensmittelkunde) und die Abschnitte über die Verdauungsvorgänge weggefallen. An ihre Stelle getreten ist die Darstellung akuter Fragen: Verbrauch und Verzehr – Nahrungsmittelbearbeitung – „Gift in der Nahrung" – Alternative Ernährungslehren.

Frühjahr 1984 *Hans Glatzel*

Inhaltsverzeichnis

1 Bedürfnis und Bedarf

1.1 Die Freude am Essen

Essen ist eine erfreuliche Tätigkeit, eine Quelle der Lust für Menschen und Tiere. Wir essen nicht, weil wir unseren Nährstoff*bedarf* decken wollen, sondern weil wir Hunger und Appetit haben: Hunger, das *Bedürfnis* irgendetwas zu essen, Appetit, das Bedürfnis etwas ganz Bestimmtes zu essen. Befriedigung von Bedürfnissen sind Lusterlebnisse. In gleicher Weise wie das Essen ist Trinken ein Lusterlebnis für den der Durst hat, Schlafen ein Lusterlebnis, für den der müde ist. In jedem Fall sichert die Bindung der Tätigkeit an Lusterlebnisse die Befriedigung lebensnotwendiger Bedürfnisse. *Essen und Trinken sind legitime Freuden-, Genuß- und Lustquellen* im Dienste der Erhaltung von Leben, Wohlbefinden, Gesundheit und Leistungsfähigkeit.

Viele Anhänger von Ernährungssekten – Vegetarier, Rohköstler, Makrobiotiker u. a. – verzichten weitgehend auf diese Quellen der Lebensfreude. Sie verachten den, der nicht ihrer Lehre anhängt und alles ißt, was ihm Freude macht. Um eben dieser Lehre wegen erfahren wir von ihnen auch nicht, ob sie tatsächlich keine Lust an den Dingen erleben würden, die den anderen Freude machen.

„Der größte Teil der Menschheit ernährt sich nach wie vor vernünftig in der Weise, daß er seinen *Nährstoffbedarf ohne die Mithilfe von Ernährungsprofessoren deckt.* Weder die Paviane noch die Bären, Löwen, Lamas, Kaninchen und Rhinozerosse suchen in ihrer natürlichen Umwelt den Rat von Ernährungsforschern ihrer eigenen Spezies um sicher zu gehen, daß sie die nötigen Mengen an Proteinen, Vitaminen und Mineralien bekommen... Wir essen ein Steak nicht, weil es Proteine und eine Anzahl von Mineralien und B-

Vitaminen enthält, wir essen Obst nicht, weil es andere Mineralien und Vitamin C enthält. Wir essen diese Nahrungsmittel wegen ihres Geschmacks, ihrer Struktur und anderer Eigenschaften, die zusammen das ausmachen, was wir schmackhaft nennen ... *Schmackhaftigkeit* ist der Hauptfaktor, der bestimmt, welche Art von Nahrungsmittel wir essen und wieviel. Das erklärt aber nicht ein weiteres Merkmal der menschlichen Kost, das darin besteht, daß der Mensch eine Vielfalt von Nahrungsmitteln verzehrt. Diese *Allesfressergewohnheit* des Menschen, die er mit nur wenigen anderen Spezies teilt, gibt ihm beträchtliche biologische Vorteile gegenüber der Mehrzahl der Spezies, die nur begrenzte Nahrungsgewohnheiten haben. Sie setzt den Menschen instand – und mit ihm jene ausgewählte omnivoren Lebewesen wie das Schwein und die Ratte – in fast jedem Teil der Welt leben zu können, solange es dort irgendeine Art von pflanzlichem oder tierischem Leben gibt. Das meiste von alledem, wenn nicht sogar alles, kann den Weg in seine Speisekammer finden. Der Mensch kann aber nicht nur von einer Vielzahl von Nahrungsmitteln leben. Er verzehrt von einem Nahrungsmittel, so schmackhaft es sein mag, nur eine *begrenzte Menge* – so viel bis er genug davon hat. Trotzdem ist er dann noch bereit, ein anderes Nahrungsmittel mit einer anderen Art von Schmackhaftigkeit zu essen. Im allgemeinen scheint er ein Grundverlangen nach zwei Arten von Nahrungsmitteln zu haben: Nach solchen, die die Struktur und den Geschmack von Fleisch, und solchen, die die andersartige Struktur und den süßen Geschmack von Obst besitzen" *(Yudkin)*.

Aus den angelsächsischen Ländern kommt das Wort *Flavor*. Es wird auch in der deutschen Ernährungsphysiologie und Diätetik gebraucht, oft aber in falschem Sinne. „Flavor ist eine Empfindung, die man wahrnimmt, wenn man ein Nahrungsmittel in den Mund bringt. Der Flavor hängt in erster Linie von den Reaktionen der Geschmacks- und Geruchsrezeptoren auf den chemischen Reiz ab. An einigen Flavors sind auch Berührungs-, Temperatur- und Schmerzrezeptoren beteiligt." Verschiedene „Erregungsformen entstehen aus verschiedenen Reaktionsformen des Rezeptors auf eine gegebene Substanz" *(Beidler)*. Das Wort Flavor bezeichnet also nicht Eigenschaften des Nahrungsmittels, sondern einen *Komplex subjektiver Empfindungen.*

1.2 Sinnesempfindungen und Nahrungswahl

1.2.1 Sozial bestimmte Nahrungswahl

Welche Nahrungsmittel und Nahrungsmittelzubereitungen uns die Freude am Essen und Trinken bringen und auf diese Weise unsere Nahrungswahl bestimmen, hängt nicht nur von den speziellen *Geruchs- und Geschmacksreizen* als solchen ab. *Gewohnheiten*, frühere *Erlebnisse, Vorstellungen, Glaubensinhalte* und *Werbeeffekte* wirken hier in oft schwer durchschaubarer Weise zusammen. „Über den Geschmack kann man nicht streiten."

„So gibt es, von Wasser und Milch an bis zum Wein, und vom Brot bis zu Fäkalien, keine als Getränk, Speise, Kosmetikum oder Gebrauchsobjekt dienende Substanz, welche dem einen Volk nicht ebenso ekelhaft wie von dem anderen geschätzt wäre. Mitunter richten sich Ekel und Gefallen auch nach sozial-psychologischen Gruppen (Priesterstand, Kaste usw.). Die soziale und völkerpsychologische Ausbildung des Gefühls zeigt deutliche Entwicklungsgesetze. Ein anfangs geschätzter Geruch und Geschmack (Pferdefleisch bei den alten Germanen, Schweinefleisch bei den alten Juden und vielen anderen Urvölkern) wird an einem historischen Zeitpunkt tabuiert und damit dem profanen Gebrauch entzogen. Aus der Tabuierung kann sich einerseits unüberwindlicher Ekel und Abscheu, andererseits unbezwingliche Verehrung entwickeln, je nachdem eine negative oder positive Werthaltung hinzukommt. Dieses Entwicklungsprodukt geht durch Kulturtradition, Nachahmung und Suggestion auf spätere Menschengeschlechter über. Alle vom Beobachter angegebenen Gründe für den Abscheu sind hingegen nur ganz unwesentliche, nachträgliche Rationalisierungen, die den Abscheu niemals hätten hervorrufen und begründen können. Die grundlegenden Entscheidungen über Lust und Unlust fielen in der Vorzeit; hierin herrschen die Toten stärker über uns als die Lebenden, welche nur geringe Abänderungen im Wege der Mode und einzelner Motive veranlassen können. Manche Völker lieben den Geruch von Knoblauch, andere hassen ihn. Viele Negerstämme bevorzugen den Kadavergeruch des verwesenden Fleisches vor dem sich der Europäer ekelt. Im Orient wird Moschus den Speisen und Kuchen zugesetzt, was sie uns ungenießbar macht.

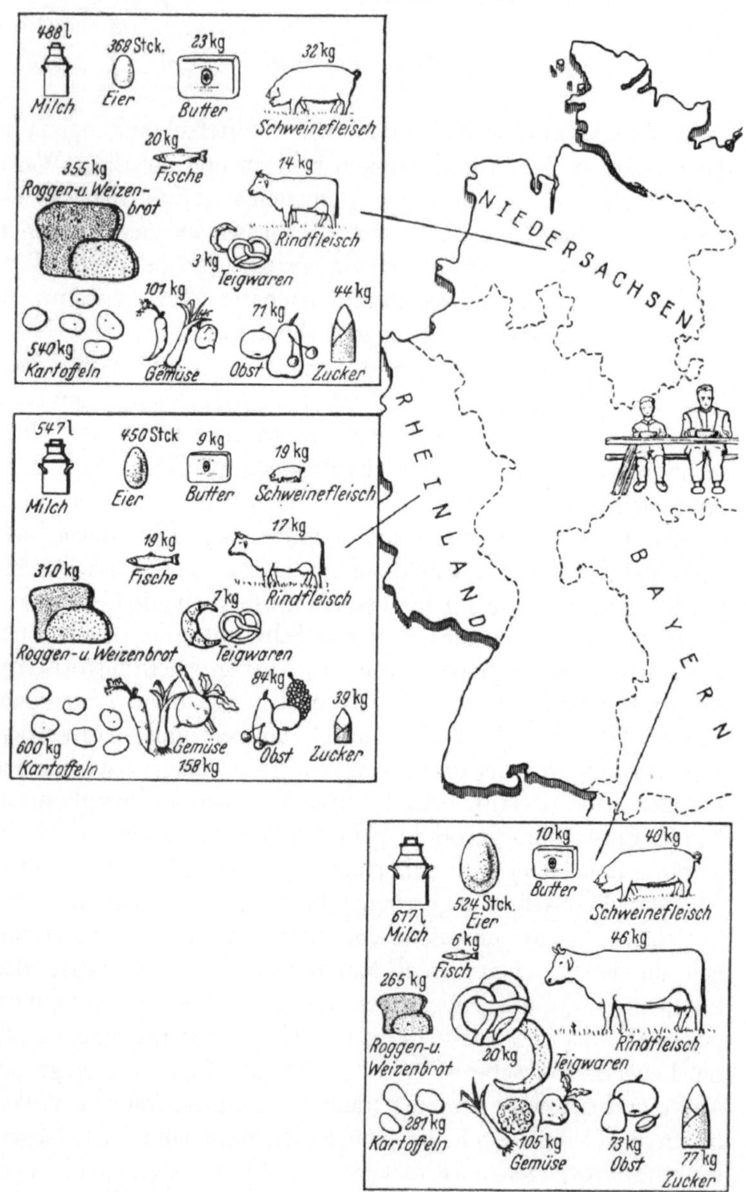
488 l
Milch
368 Stck.
Eier
23 kg
Butter
32 kg
Schweinefleisch
20 kg
Fische
355 kg
Roggen- u. Weizenbrot
14 kg
Rindfleisch
3 kg
Teigwaren
101 kg
Gemüse
71 kg
Obst
44 kg
Zucker
540 kg
Kartoffeln
NIEDERSACHSEN
547 l
Milch
450 Stck
Eier
9 kg
Butter
19 kg
Schweinefleisch
19 kg
Fische
17 kg
Rindfleisch
310 kg
Roggen- u. Weizenbrot
7 kg
Teigwaren
84 kg
Obst
39 kg
Zucker
600 kg
Kartoffeln
Gemüse
158 kg
RHEINLAND
BAYERN
10 kg
Butter
40 kg
Schweinefleisch
524 Stck.
Eier
617 l
Milch
6 kg
Fisch
46 kg
Rindfleisch
265 kg
Roggen- u. Weizenbrot
20 kg
Teigwaren
281 kg
Kartoffeln
105 kg
Gemüse
73 kg
Obst
77 kg
Zucker

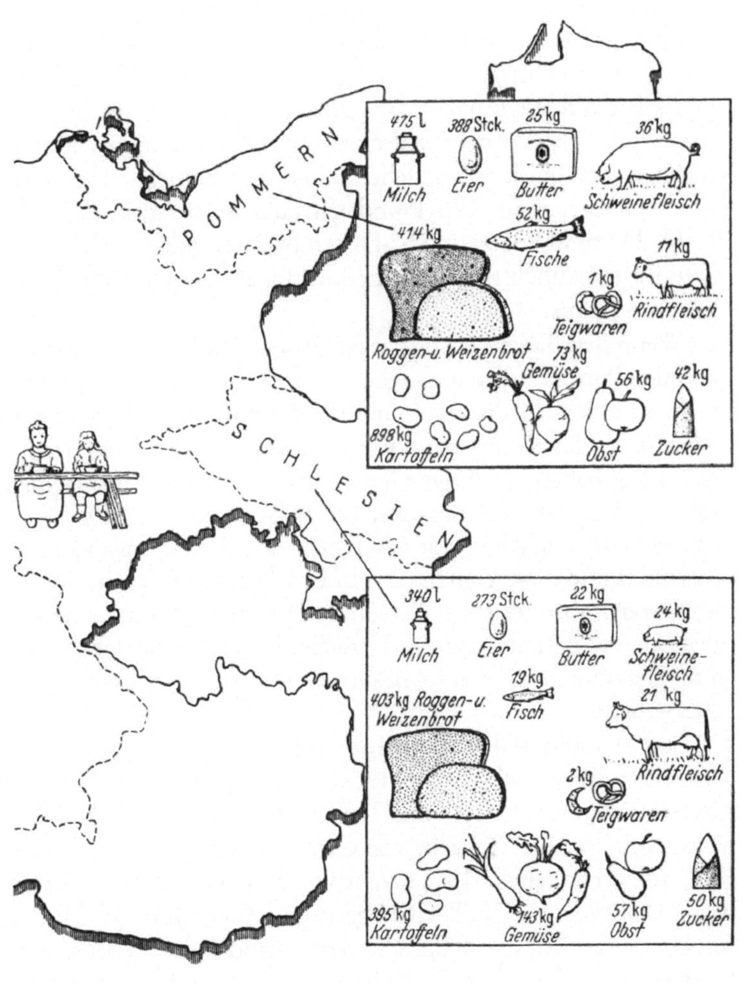

Abb. 1. Der Jahresverzehr einer 4köpfigen Arbeiterfamilie in verschiedenen deutschen Ländern vor dem 2. Weltkrieg

...Während der Renaissance wurde Kampfer in großen Dosen als Speisegewürz verwendet" (*Henning;* er hat noch mehr Beispiele dieser Art gegeben).

Es hat mit *menschlicher* Ernährungslehre nichts mehr zu tun, wenn kürzlich ein amerikanischer Wirtschaftswissenschaftler ausrechnete, um ein Jahr lang leben zu können brauche man nur 350 Pfund Weizenmehl, 270 Pfund getrocknete Bohnen, 100 Pfund Kohl, 23 Pfund Spinat und 57 Dosen Büchsenmilch – alles zusammen für monatlich 12 Dollar. Er meinte, alles was darüber hinausgehe sei Luxus.

Wenn den Bayern Mehlspeisen besser schmecken als Kartoffeln und den Pommern Kartoffeln besser als Mehlspeisen, dann liegt das nicht an unterschiedlichen Sinnesempfindungen sondern an *unterschiedlicher Bewertung derselben Sinnesempfindung* (Abb. 1). Auswanderer halten an ihren Geschmacks- und Geruchsneigungen zäher fest als an ihrer Sprache. Ein Beispiel für viele: Die Israelis hatten Schwierigkeiten mit der Ernährung ihrer Einwanderer aus Marokko und dem Yemen. Die in Israel gebräuchlichen, den Einwanderern aber fremden Zubereitungsformen, wollten sie nicht akzeptieren. Erst als sie zu den israelischen Grundnahrungsmitteln ihre gewohnten Gewürze bekamen waren die Schwierigkeiten überwunden.

Eine Wandlung der Beurteilung dessen, was gut schmeckt und deshalb erstrebenswert ist, ist die *„Verbrauchsverschiebung"*, die sich, unterbrochen von Kriegs- und Notzeiten, im westlichen Kulturbereich vollzieht: Der Verzehr von Getreide, Kartoffeln und Hülsenfrüchten geht zurück, der Verzehr von Fleisch, Fett, Obst, Zucker und Gewürzen wie Chillies, Oregano und Zimt nimmt zu. Die Verbrauchsverschiebung entspricht dem Wandel der Lebensformen und erweist sich stärker als alle Bemühungen von Ernährungsberatern, die zu unrecht meinen, für Getreide und Kartoffeln, gegen Fleisch und Zucker raten zu müssen.

1.2.2 Geschlechts- und altersbestimmte Nahrungswahl

Jede Hausfrau rechnet mit einer Tatsache, die so allgemein bekannt ist, daß sie fast selbstverständlich erscheint: *Männer haben einen anderen „Geschmack" als Frauen.* „Was Männern so gut schmeckt", ist der Titel eines Kochbuchs, das mit 30 geschickt gewürzten Suppen und kleinen pikanten Gerichten beginnt und in dem der Satz steht: „Natürlich behaupten die meisten Männer, daß sie sich aus dem süßen Zeug nichts machen" *(Ausreden).* Warum aber sind Männer mehr für Scharfes und Pikantes, mehr für Fleisch und Käse als Frauen? Warum gilt es als männlich, sich aus dem „süßen Zeug" nichts zu machen? Bei den Tieren gibt es solche geschlechtsgebundenen Unterschiede offenbar nicht. Vielleicht hängen sie mit Alkoholika und Tabak zusammen, vielleicht mit der sozialen Stellung des Mannes.

Für das *Kind* sind wohlschmeckend und süß identisch. Jede andere intensive Geruchs- und Geschmacksempfindung wird zunächst „degoutiert". Wer als Kind nicht gelernt hat, seine Abneigung gegen Ungewohntes zu überwinden, bleibt sein Leben lang einer jener mißliebigen Zeitgenossen, die, ohne allergisch zu sein, keinen Fisch und keinen Spinat, keine Milch und keinen Spargel „essen können" – jedenfalls solange sie wissen, daß sie Fisch oder Spinat essen.

Ein Gestaltungsfaktor für die Nahrungswahl des Kindes und damit für die Gestaltung seiner Freudenquellen am Essen und Trinken ist das *Vorbild des Erwachsenen.* „Das amerikanische Kind sieht, daß sein Vater mit viel Vergnügen Milch trinkt. Wenn es erwachsen ist, folgt es deshalb dem Beispiel seiner Eltern. In gleicher Weise tun französische und deutsche Kinder, was ihre Väter taten und trinken Wein oder Bier. Das europäische Kind sieht, daß in seiner Familie kein Erwachsener Milch trinkt. Nach seinem 12. Geburtstag will es nicht mehr als Kind behandelt werden. Es will wie ein Erwachsener handeln und weigert sich deshalb, Milch zu trinken" *(Snapper).*

Eine alte Redensart besagt, *Kinder sollen nicht* so viel Fleisch und nicht so viele Eier essen wie Erwachsene. Warum sie das nicht sollen ist unklar. In einer Untersuchung, in der man 5- bis 12jährige Kinder nach Belieben wählen ließ, zeigte sich: die Beliebtheit der Proben stieg von gekochtem Gemüse über Fisch und fettes Fleisch zu magerem Fleisch *(Beckenridge).* Warum also ihnen ohne Not die Lust am Essen verderben?

Wenn *Jugendliche* heute ein intensives Bedürfnis nach bestimmten Geschmacks- und Geruchsreizen äußern und morgen eine ebenso intensive Aversion gegen die gleichen Reize, dann kann man darin vielleicht eine Parallele zu ihrer emotionalen Sprunghaftigkeit sehen. Neu gewonnene Erlebnismöglichkeiten werden ausgekostet und die Versuche „vernünftiger" Erwachsener, das zu verhindern, pflegen wenig erfolgreich zu sein. Es gibt auch keine Beobachtungen die den Verdacht erwecken könnten, es sei schädlich, wenn ein 16jähriger Junge sich dreimal so viel Salz in seine Suppe streut wie andere, wenn er löffelweise Essig schluckt und wenn er sein Butterbrot messerrückendick mit Senf bestreicht. Daß solche Gewohnheiten dem Erwachsenen widerstreben, ist kein Grund sie zu verbieten – schon gar nicht mit unhaltbaren Behauptungen von Gesundheitsschädlichkeit. Man nimmt dem Jungen eine Freudenquelle, ohne daß dazu irgendeine Notwendigkeit besteht. Im Gedanken an die vielfältigen Wirkungsmöglichkeiten der Gewürze sind solche Bräuche vielleicht gar nicht so sinnlos.

In vielen *Altersheimen* ist es geheiligter Brauch, den alten Leuten möglichst reizlose Kost zu geben, „weil doch ihre Verdauungsorgane nicht mehr so leistungsfähig sind". Dieser Brauch ist die sicherste Methode um den Insassen die Freude am Essen und Trinken zu verderben, eine der wenigen noch verbliebenen Freudenquellen. Der alternde Mensch bevorzugt intensive Geschmacks- und Geruchsreize: Starke Gewürze, pikante Gerichte, „scharfe Sachen". Dieses Bedürfnis, wahrscheinlich bedingt durch die nachlassende Reizempfindlichkeit der Sinnesorgane, ist ein charakteristisches Altersmerkmal. Von der Intensität der Sinnesempfindungen hängt aber nicht nur die Lust zu essen und die Freude am Essen ab sondern auch die Intensität der Verdauungsfunktionen. Reizlose „Schonkost" mindert die Leistungsfähigkeit.

Vor einigen Jahren fragten *Oberdisse und Jahnke* 360 alte Männer und Frauen bis zum Alter von 85 Jahren, was sie am liebsten essen möchten. 27 verschiedene Nahrungsmittel standen zur Auswahl. Mit 86 rangierten die „Würzstoffe" an der Spitze der Beliebtheitsskala. Gewürze aber sind die konzentriertesten Riech- und Schmeckstoffträger! Als Träger von Nährstoffen spielen sie keine Rolle. Gewürze in geschmacklich optimalen Mengen sind ungefährlich. Von Chillies, Pfeffer und Ingwer bekommt man weder

Magengeschwüre noch Magenkrebs, weder Leberzirrhose noch Nierenentzündung. Die Weltmeister der Kochkunst, die Chinesen, zeigen seit Jahrtausenden, wie vielfältig man die Attraktivität eines Gerichts durch gekonnte Auswahl und Dosierung von Gewürzen variieren kann. Lassen wir also den alternden und alten Menschen ihre Freude an Pfeffer und Senf, ihre Worcestersoße, ihren Kognak und Kaffee!

1.2.3 Individuell bestimmte Nahrungswahl

Der Genußwert von Essen und Trinken hängt auch von der *individuellen körperlichen und seelischen Verfassung* ab. Da ist zunächst das, was wir die *„Ermüdung der Sinnesorgane"* nennen. Der Braten mag noch so verlockend duften. Wenn wir ihn schon eine Stunde lang vor dem Essen riechen, ist uns der Appetit vergangen, wenn er schließlich auf dem Tisch steht.

Bekanntlich schmeckt der erste Bissen am besten. Das raffinierteste Frikassee, das erlesenste Gemüsegericht verliert an Genußwert, wenn man zu viel und zu lange davon ißt. Altbekannt sind die Mittel, die Freude am Essen zu verlängern: Das läßt sich durch gekonnte Zusammenstellung eines *abwechslungsreichen* Menüs mit immer wieder anderen Geschmacksqualitäten erreichen.

Demselben Zweck dienen *„Neutralnahrungsmittel"*, d.h. Nahrungsmittel ohne ausgeprägten Eigengeschmack, die man abwechselnd mit dem intensiv und differenziert schmeckenden Hauptgericht verzehrt – Brot, Kartoffeln, Reis –, so daß die durch die intensiven Reize „ermüdeten" Sinnesorgane sich zwischendurch „ausruhen" können, um danach wieder intensivere Geruchs- und Geschmackserlebnisse bewirken zu können.

Das Wissen um die sinnesphysiologischen Wirkungsbedingungen und -möglichkeiten geschmacksaktiver Inhaltsstoffe läßt Essensgewohnheiten verstehen, die sonst unverstanden bleiben. Es warnt vor voreiligen Beurteilungen von Eßgewohnheiten, deren Ursachen und Sinn wir nicht verstehen.

Beeinträchtigt wird schließlich die Freude am Essen durch *Sinnesempfindungen, die wir als störend erleben:* Braten schmeckt nicht, wenn es im Zimmer nach Käse, die Süßspeise schmeckt nicht, wenn es im Zimmer nach Hering riecht.

Die Freude am Essen schwindet, wenn *Erschöpfung, Müdigkeit und Schlaf* die Oberhand gewinnen. Mit zunehmender *Sättigung* verlieren immer mehr Dinge an Genußwert. Auf der anderen Seite: *Hunger* ist der beste Koch. Er bringt es fertig den Genußwert wenig geschätzter Dinge auf höchste Stufen zu heben. Der Hungrige ist nicht mehr wählerisch. Trockenes Brot und eine rohe Möhre werden zu Leckerbissen.

Während der *Schwangerschaft* verkehrt sich der Genußwert mancher bis dahin hoch geschätzter Speisen oft ins Gegenteil: Die Nahrungswahl wandelt sich. Spinat und Schweizer Käse, eben noch begehrt, mag die Schwangere nicht mehr sehen und schon beim Anblick wird ihr übel. Plötzlich hat sie einen unüberwindlichen Ekel vor Bratenduft und ein ebenso unüberwindliches Verlangen nach halb verfaulten Apfelsinen, nach Erde und verschimmeltem Brot. Andeutungsweise machen sich solche Wandlungen der Nahrungswahl (picae) gelegentlich während der Menstruation und im Klimakterium bemerkbar. Die Feststellung, daß die Pica zumeist nach einem oder zwei Bissen gestillt ist und dann in Widerwillen umschlägt, läßt erkennen, daß die Ursache dieses gezielten Lustverlangens kein stofflicher Bedarf ist.

Der individuelle Genußwert der Nahrung und damit die individuelle Nahrungswahl hängt schließlich auch mit der *seelischen Verfassung* zusammen: Es gibt *Heimwehkranke*, die keinen Sinn mehr haben für die Freuden des Essens und Trinkens und es gibt Heimwehkranke, die heißhungrig zwei Tafeln Schokolade aufessen oder literweise Fruchtsaft trinken, um damit ihr Heimweh zu kurieren.

Es gibt *Bekümmerte*, die nur widerwillig ein paar Bissen hinunterwürgen, und es gibt die „Kummer-Polyphagie“ und den „Kummerspeck“. Nur sorgfältige Erkundungen von Persönlichkeit und Situation ermöglichen es, die Verknüpfungen aufzudecken. Nicht ohne Grund hat die Psychoanalyse von jeher auch die erotische Bedeutung des Essens hervorgehoben.

Aus *Höflichkeit* und um keine Störenfriede zu sein, essen wir auch Dinge, die uns keinerlei Lusterlebnisse erwecken, ja das Gegenteil von Lust. Für die Essensvorschriften vieler Glaubensbewegungen ist die lustgetönte Sinnesempfindung überhaupt kein Gesichtspunkt.

Körperliche und seelische *Störungen und Krankheiten* können in Abwegigkeiten und *Störungen der Geruchs- und Geschmackserlebnisse* ihren Ausdruck finden: Auf der einen Seite Abstumpfung bis zum völligen Verlust der Sinnesempfindung, auf der anderen Seite Überempfindlichkeit und Empfindungswandel in dem Sinne, daß Stoffe, deren Geruchs- und Geschmacksqualitäten wohl bekannt sind, ungewohnt anders erlebt werden. Abstumpfung findet man schon bei Schnupfen und anderen entzündlichen Krankheiten der oberen Luftwege, bei Schädelverletzungen und Hirntumoren, bei akuten Infektionskrankheiten und endokrinen Störungen. Schizophreniekranke erleben Störungen ihrer Geruchserlebnisse recht häufig (z.B. 34 von 100 Kranken). Dazu gehören auch Geruchs- und Geschmackshalluzinationen (Sinnestäuschungen).

2 Der Nährstoffbedarf

In Gestalt zwingender *Bedürfnisse* sind Hunger und Appetit machtvolle Triebe im Dienste der Deckung des *Nahrungsbedarfs.* Es stellt sich die Frage:

Welche Zeichen lassen erkennen, daß der Bedarf an speziellen Nährstoffen *nicht gedeckt* ist? Welche Zeichen, daß die Zufuhr *überhöht* ist?

Im folgenden geht es nicht um Zustandsbilder und Krankheitsabläufe, sondern allein um die *Erkennung der spezifischen Mangelsymptome.*

2.1 Die Bedarfsermittlung

Die Frage, ob ein Mensch „richtig" ernährt, durch seine gewohnte Kost ausreichend mit allen notwendigen Nährstoffen versorgt wird, ist für den Einzelnen wie für das soziale Kollektiv eine Lebensfrage. Um verläßliche Antworten auf diese Frage hat man sich im Laufe von vielen Jahrzehnten in der ganzen Welt bemüht.

Es sind *6 verschiedene Wege,* die im Zeichen dieser Bemühungen beschritten worden sind. 1) Sammlung von Daten der Nährstoffaufnahme anscheinend gesunder, normaler Menschen. 2) Epidemiologische Beobachtungen von abnormen Erscheinungen, die durch Verbesserung der Kost beseitigt werden können. 3) Biochemische Messungen des Ablaufs von Stoffwechselvorgängen, die zur Nährstoffaufnahme in Beziehung stehen. 4) Bilanzuntersuchungen, die den Ernährungszustand mit der Nährstoffaufnahme vergleichen. 5) Beobachtungen an Menschen, deren Kost zunächst unzureichend ist und die dann durch abgemessene Mengen fehlender Nährstoffe vervollständigt wird. 6) Schlußfolgerungen (Extrapolationen) aus Versuchen an Tieren mit Mangelerscheinungen als Folgen des Entzugs eines ausgewählten Nährstoffs.

Alle 6 Arten von Beobachtungen können *Hinweise und Anhaltspunkte* für den Bedarf an speziellen Nährstoffen bringen. Entscheidend ist in jedem Falle auf der einen Seite die Feststellung klinisch, d. h. *ärztlich erkennbarer Störungen psychologischer oder physiologischer Lebensvorgänge,* auf der anderen Seite die Art und Menge definierter Nährstoffe, durch die diese Störungen beseitigt werden. *Biochemisch* ermittelte Größen können als Bedarfskriterien nur dann dienen, wenn sie zuverlässige Indikatoren sind für den Ablauf spezifischer Lebensvorgänge. Bloße Abweichungen biochemisch ermittelter Größen von einem statistischen Mittelwert und von Sollwerten, die aufgrund theoretischer Überlegungen festgelegt werden, sind als solche vielleicht Indikatoren für wenig oder viel eines Nährstoffs; sie sind aber keine zuverlässigen Indikatoren für *zu*wenig oder *zu*viel.

Verwirrung ist angerichtet, grundlose Angst verbreitet worden durch das Verfahren, einen biochemischen Zahlenwert als Grenzwert zu deklarieren und *in jeder Abweichung von diesem Grenzwert einen Audruck von Mangel zu sehen.* Die Erklärung ist einfach: Biochemische Zahlenwerte sind sehr viel leichter festzustellen als physiologische Lebensvorgänge. Biochemische Zahlenwerte können technische Hilfskräfte liefern. Untersuchungen und Beurteilungen physiologischer Lebensphänomene hingegen sind zeitraubend und erfordern spezielle Sachkenntnis und Urteilsvermögen. Weithin üblich ist das Verfahren, einen biochemischen Parameter, der außerhalb der statistischen Norm liegt, als Mangelzeichen zu deuten. Sind dann physiologisch-klinische Mangelerscheinungen nicht erkennbar, dann sprechen die biochemisch orientierten Forscher von „subklinischen Mangelerscheinungen", von *„latentem Mangel"*. „Latenter Mangel" ist also Mangel ohne Mangelerscheinungen, Mangel, den niemand erkennen kann, der aber nach dem Ergebnis der chemischen Untersuchung vorliegen muß. „Nicht sein kann, was nicht sein darf."

Richtlinien und Empfehlungen für die Nahrungsaufnahme haben Institutionen und Organisationen vieler Länder aufgestellt. Diese Richtlinien decken sich im wesentlichen mit den RDA, den Recommended Dietary Allowances des Food and Nutrition Board des National Research Council der Academy of Sciences in Washington.

Staub aufgewirbelt haben die 1977 erschienenen *Dietary Goals for the United States* prepared by the Select Committee on Nutrition and Human Needs, United States Senate (McGovern Report). 7 Richtlinien (Goals) stellte das Committee auf: 1) Vermeide Übergewicht und esse deshalb nur soviel Energie, wie du verbrauchst. 2) Erhöhe den Verzehr von komplexen Kohlenhydraten und „natürlichen" Zuckern von rund 28% der Energieaufnahme auf rund 48%. 3) Vermindere den Verzehr von raffinierten und anderen verarbeiteten Zuckerarten von rund 45% auf rund 10% der gesamten Energieaufnahme. 4) Vermindere den Gesamt-Fettverzehr von rund 40% auf rund 30% der Energieaufnahme. 5) Vermindere den Verzehr von gesättigtem Fett auf rund 10% der gesamten Energieaufnahme und gleiche das aus mit Polyen- und Monoensäuren, die jeweils 10% der Energieaufnahme ausmachen. 6) Vermindere den Cholesterinverzehr auf rund 300 mg/Tag. 7) Schränke den Natriumverzehr ein und vermindere deshalb die Kochsalzaufnahme auf rund 5 g/Tag.

Der sachkundige Leser hat den Eindruck, als seien unzählige Forschungsergebnisse und Diskussionen an diesen Goals spurlos vorübergegangen. Die *American Medical Association*, eine sachkundigere Institution als die parlamentarische Kommission des US-Senats, hat zu den Goals rund vier Monate nach Erscheinen kritisch Stellung genommen. Sie kommt zu dem Schluß: „Der Beweis dafür, daß die in dem Bericht angeführten Kostrichtlinien von Vorteil sein könnten, ist unzulänglich; die Möglichkeit von Schäden durch langfristige Kostumstellung ist unbekannt." „Die American Medical Association ist der Meinung, daß die Annahme der Richt-

Tabelle 1. *Food and Nutrition Board, National Academy of Sciences, National Research Council.* Empfohlene Richtwerte für die tägliche Kost. [a] Revidiert 1980. Bestimmt für die Durchführung einer guten Ernährung von praktisch allen gesunden Menschen in den USA (Fortsetzung der Tabelle s. S. 16)

	Alter (Jahre)	Gewicht		Größe		Protein (g)	Fettlösliche Vitamine		
		(kg)	(Pfund)	(cm)	(in)		Vitamin A (µg RE)[b]	Vitamin D (µg)[c]	Vitamin E (mg α-TÄ)[d]
Kleinkinder	0,0– 0,5	6	13	60	24	kg × 2,2	420	10	3
	0,5– 1,0	9	20	71	28	kg × 2,0	400	10	4
Kinder	1 – 3	13	29	90	35	23	400	10	5
	4 – 6	20	44	112	44	30	500	10	6
	7 –10	28	62	132	52	34	700	10	7
Männer	11 –14	45	99	157	62	45	1000	10	8
	15 –18	66	145	176	69	56	1000	10	10
	19 –22	70	154	177	70	56	1000	7,5	10
	23 –50	70	154	178	70	56	1000	5	10
	51+	70	154	178	70	56	1000	5	10
Frauen	11 –14	46	101	157	62	46	800	10	8
	15 –18	55	120	163	64	46	800	10	8
	19 –22	55	120	163	64	44	800	7,5	8
	23 –50	55	120	163	64	44	800	5	8
	51+	55	120	163	64	44	800	5	8
Schwangere						+30	+200	+5	+2
Stillende						+20	+400	+5	+3

[a] Die Richtwerte sind dazu bestimmt, die individuellen Variationen auszugleichen für die meisten normalen Menschen, die in den USA unter üblichen Umweltbelastungen leben. Die Grundlagen der Kostformen sollte eine Vielfalt von üblichen Nahrungsmitteln sein, um den Bedarf an anderen Nährstoffen zu decken, deren Bedarfsgröße für den Menschen weniger genau angegeben werden kann

[b] Retinol-Äquivalente. 1 Retinol-Äquivalent = 1 µg Retinol oder 6 µg β Carotin

[c] Als Cholecalciferol. 10 µg Cholecalciferol = 400 IE Vitamin D

[d] α-Tocopherol-Äquivalente. 1 mg d-α-Tocopherol = 1 α-TÄ

[e] 1 NE (Niacinäquivalent) entspricht 1 mg Niacin oder 60 mg Nahrungs-Tryptophan

[f] Der Folacin-Richtwert bezieht sich auf Nahrungsquellen, die bestimmt sind mit der Lactobacillus casei-Methode nach Behandlung mit Enzymen (Conjugasen), um die Polyglutamylform des Vitamins für den Testorganismus verwertbar zu machen

[g] Der empfohlene Richtwert von Vitamin B_{12} für Säuglinge beruht auf der durchschnittlichen Konzentration des Vitamins in der Muttermilch. Die Richtwerte nach dem Abstillen beruhen auf der Energieaufnahme (nach den Empfehlungen der American Academy of Pediatrics) unter Berücksichtigung anderer Faktoren, wie der Resorption im Darm

[h] Der erhöhte Bedarf während der Schwangerschaft kann weder durch den Eisengehalt der landesüblichen amerikanischen Kostformen gedeckt werden noch durch die vorhandenen Eisenvorräte vieler Frauen. Deshalb wird eine Eisenzulage von 30 bis 60 mg empfohlen. Der Eisenbedarf während der Stillperiode unterscheidet sich nicht nennenswert vom Bedarf der nicht schwangeren Frau. Eine Fortsetzung der Eisenzulage für die Mutter ist aber noch 2 bis 3 Monate lang nach der Geburt ratsam, um die Vorräte wieder aufzufüllen, die durch die Schwangerschaft aufgezehrt worden sind

Tabelle 1 (Fortsetzung)

	Wasserlösliche Vitamine							Mineralien					
	Vitamin C (mg)	Thiamin (mg)	Riboflavin (mg)	Niacin (mg NE)[e]	Vitamin B-6 (mg)	Folacin[f] (µg)	Vitamin B-12 (µg)	Calcium (mg)	Phosphor (mg)	Magnesium (mg)	Eisen (mg)	Zink (mg)	Jod (µg)
Kleinkinder	35	0,3	0,4	6	0,3	30	0,5[g]	360	240	50	10	3	40
	35	0,5	0,6	8	0,6	45	1,5	540	360	70	15	5	50
Kinder	45	0,7	0,8	9	0,9	100	2.0	800	800	150	15	10	70
	45	0,9	1,0	11	1,3	200	2,5	800	800	200	10	10	90
	45	1,2	1,4	16	1,6	300	3,0	800	800	250	10	10	120
Männer	50	1,4	1,6	18	1,8	400	3.0	1200	1200	350	18	15	150
	60	1,4	1,7	18	2,0	400	3,0	1200	1200	400	18	15	150
	60	1,5	1,7	19	2,2	400	3,0	800	800	350	10	15	150
	60	1,4	1,6	18	2,2	400	3,0	800	800	350	10	15	150
	60	1,2	1,4	16	2,2	400	3,0	800	800	350	10	15	150
Frauen	50	1,1	1,3	15	1,8	400	3,0	1200	1200	300	18	15	150
	60	1,1	1,3	14	2,0	400	3,0	1200	1200	300	18	15	150
	60	1,1	1,3	14	2,0	400	3,0	800	800	300	18	15	150
	60	1,0	1,2	13	2,0	400	3,0	800	800	300	18	15	150
	60	1,0	1,2	13	2,0	400	3,0	800	800	300	10	15	150
Schwangere	+20	+0,4	+0,3	+2	+0,6	+400	+1,0	+400	+400	+150	[h]	+5	+25
Stillende	+40	+0,5	+0,5	+5	+0,5	+100	+1,0	+400	+400	+150	[h]	+10	+50

linien nicht wünschenswert ist." „Die Richtlinien des Reports, die auf eine Änderung von Fettmenge und Fettart und Einschränkung der Kochsalzzufuhr auf nicht mehr als 5 g/Tag zielen, entsprechen in vielerlei Hinsicht therapeutischen Kostformen. Solche Kostformen müssen auf die individuellen Bedürfnisse eingestellt werden durch sachkundige ärztliche Diätberatung auf individueller Grundlage." „Die American Medical Association hält es nicht für angemessen, daß die Regierung nationale Richtlinien aufstellt mit speziellen Forderungen hinsichtlich Menge, Proportion von Gesamtfett zu Fettart, Zucker, Cholesterin und Salz für die Kostformen der Allgemeinheit wie es diese nationalen Richtlinien wollen." „Alles in allem empfehlen wir dringend, diesen Report abzulehnen."

Mit dieser Stellungnahme ist alles gesagt, was gesagt werden muß. Die Dietary Goals mögen förderlich sein für Landwirtschaft und Margarineindustrie; für die Ernährung und Gesundheit der Menschen sind sie es nicht.

2.2 Wasser

Zu 60% besteht der erwachsene Mensch aus Wasser, zu 75% der neugeborene. *Hauptwasserdepot* mit mehr als der Hälfte des Körperwassers ist die Muskulatur. Es folgen Skelett, Fettgewebe und Haut. In den Organen liegt das Wasser zumeist *in den Zellen* (intrazellulär). Funktionell dient es als *Zellbaustein*, als *Lösungsmittel*, als *Transportmittel*, als *Dielektrikum* (Nichtleiter) und als Mittel zur Regulation des *Wärmehaushaltes*. Substanzansatz, vor allen Dingen Ansatz von Kohlenhydraten und Wasseransatz hängen eng zusammen. Mit jedem Gramm Kohlenhydrat werden 3 bis 4 g Wasser angesetzt.

Entscheidend für das Lebensgeschehen ist die Konstanz eines bestimmten *osmotischen Drucks der intrazellulären Körperflüssigkeit und des Blutes*. Die Konstanz des osmotischen Druckes ist vordringlich gegenüber der Konstanz des *Volumens*. In kurzen Perioden mit Wasserverknappung sinkt nur das Volumen der *extra*zellulären Flüssigkeit. Erst bei länger dauernder Verknappung nimmt auch das *intra*zelluläre Flüssigkeitsvolumen ab.

Der *Wasserbedarf* bestimmt sich nach der Größe der *Wasserverluste* durch Haut, Schleimhäute, Nieren und Darm. Die Wasserabgabe durch Nase, Rachenorgane und Geschlechtsorgane fällt nicht ins Gewicht. Die Wasserabgabe durch die Haut in Gestalt von unmerklicher Wasserabgabe – etwa 500 ml/Tag – und in Gestalt von Schweiß dient in erster Linie der Verhütung überhöhter Körpertemperatur.

Die Wasserabgabe steigt deshalb in *heißer Umgebung* und sie steigt besonders stark an, wenn gleichzeitig *schwere Arbeit* geleistet werden muß („Hitzearbeit"). Als Wasserverlust bei Hitzearbeit rechnet man überschlagsweise 500 bis 1500 ml/Stunde. Bis zu 3 l/Stunde sind aber gemessen worden. Trainierte „Schwitzer" scheiden unter gleichen Bedingungen mehr (und salzärmeren) Schweiß aus als untrainierte. Jeder Liter Schweiß, der auf der Haut verdampft, bedeutet Abgabe von 580 Kalorien – unter der selbstverständlichen Voraussetzung, daß der Schweiß auch tatsächlich auf der Haut verdampft und nicht nutzlos abläuft oder abgewischt wird.

Wenig bekannt als leistungsmindernd sind die hohen Wasserverluste mit der Atmung in der *trockenen Luft der Hochgebirge.* Bis zu 6 l/Tag sind notwendig, um die Atemluft auf den erforderlichen Wassergehalt zu bringen und Bluteindickung mit allen ihren unerwünschten, unter Umständen bedrohlichen Folgen zu verhüten. Als Regel gilt: Reichlich salzarme Flüssigkeit trinken und sich nicht allein von Durst leiten lassen; die Tagesausscheidungen von Urin soll nicht unter 1000 ml/24 Std liegen.

Zur Deckung des Wasserbedarfs dient das *als solches* aufgenommene Wasser, das in den *Nahrungsmitteln enthaltene* Wasser und das bei der *Verbrennung* von Kohlenhydraten, Proteinen und Fetten entstehende (Oxydations-)Wasser (je Gramm 0,6 – 0,4 – 1,1 g Wasser).

Regulator der Wasseraufnahme ist der *Durst:* das unmißverständliche, oft mit örtlichen Empfindungen in Mund und Rachen verbundene Verlangen nach Wasser. Es ist nicht daran gebunden, daß der Wassermangel ein bestimmtes Maß überschreitet. Gesichtseindrücke, Geräusche – ein trinkender Mensch, Geräusche von plätscherndem Wasser –, bewußte und halbbewußte Erinnerungen spielen dabei mit. Gespannte Aufmerksamkeit, starke Affekte, Apathie, Benommenheit und starke Triebe können das Aufkommen des Durstes verzögern und bewirken, daß ein lebhafter Durst ohne Wasseraufnahme wieder verschwindet. Freilich: In extremen Fällen beherrscht einzig und allein der Durst das Denken und Fühlen des gequälten Menschen. Wie in jeder Triebgestaltung spiegelt sich auch in der Gestaltung des Dursterlebnisses Wesen und Situation des Individuums.

Der Arzt kennt den Durst des Zuckerkranken, des Diabetes insipidus-Kranken (Wasserharnruhr) und des chronisch Nierenkranken. In jedem Fall ist der Durst die Folge hoher Wasserausscheidung.

Nicht in jeder Lebenslage läßt sich aber der Durst mit reinem Wasser löschen. Der Grund liegt darin, daß *Wasserhaushalt und Natriumhaushalt* im Stoffwechsel des Organismus eng miteinander verknüpft sind. Wasserverluste sind in der Regel gleichbedeutend mit Natriumverlusten und umgekehrt. In heißer Umwelt werden bei körperlicher Arbeit im Beruf oder im Sport gleichzeitig mit dem strömenden *Schweiß* beträchtliche Mengen von Natrium in Gestalt von Kochsalz (NaCl) ausgeschieden. Die Kochsalzkonzentration des Schweißes liegt im allgemeinen zwischen 1,0 und 5,0 g/l. Bei 6stündiger Arbeit mit Schweißverlust von 1 l/Stunde sind das in einer Arbeitsschicht mindestens 6 g. Das ist eine Menge, die bei einem landesüblichen Kochsalzverzehr von 10 bis 15 g/Tag durchaus ins Gewicht fällt.

Verarmt aber der Körper an Kochsalz und Wasser, dann sinkt die Leistungsfähigkeit: Der Mensch wird unlustig, bekommt Kopfschmerzen und Muskelkrämpfe. Der Durst wird immer quälender; er läßt sich aber durch bloßes Wassertrinken nicht stillen. Er läßt sich nicht stillen – physiologisch gesprochen: der reduzierte Wasserbestand läßt sich durch Zufuhr von reinem Wasser nicht wieder auffüllen –, weil der kochsalzarm geschwitzte Körper das getrunkene Wasser nicht festhalten kann und es in Gestalt von Schweiß sofort wieder abgibt. Der Durst schwindet erst, wenn der Körper seinen Wasserbestand wieder auf Normalniveau aufgefüllt hat. Mit anderen Worten: *Der Durst schwindet nur, wenn gleichzeitig Wasser und Kochsalz zugeführt werden.* Aus dieser Erfahrung heraus sind die kochsalzhaltigen Hitzegetränke für *Hitzearbeiter* in der Industrie und im Bergbau entstanden. Sie enthalten in der Regel 1 bis 2 g Kochsalz je l.

Die gleiche Erscheinung – Durst, der sich nicht mit reinem Wasser stillen läßt – macht sich beim *Bergsteiger* bemerkbar, der schwitzend und mit Salzkrusten im Gesicht in langen Zügen aus der Quelle trinkt. Aus allen Poren bricht ihm der Schweiß. Etwas Salziges, gesalzenen Speck oder gesalzenen Käse, muß er haben, um seinen Durst stillen zu können. Ein anderes Beispiel aus dem täglichen Leben ist der Durst, der *„Brand"*, am Morgen nach dem Bierabend. Ströme von Bier sind geflossen, Ströme von kochsalzhaltigem Urin haben den Körper verlassen. Nur mit Hilfe von Salzheringen, Salzbrezeln oder Salzmandeln kann der Durst gestillt, kann der salzarm gewordene Körper wieder mit Wasser aufgefüllt werden.

Wo der Durst nicht gestillt werden kann, wo es an Wasser fehlt, kommt es zu fortschreitender *Austrocknung*. Die Haut wird trocken und faltig, die Stimme tonlos und rauh, die Augen sind tief eingesunken. Die Zunge klebt am Gaumen; der Speichel ist spärlich und dick, schlucken kaum mehr möglich. Haut- und Schweißabsonderung hören nahezu völlig auf. Der Trockengehalt des Blutes nimmt zu, Blutdruck und Pulsfrequenz sinken. Auch die Darmentleerungen hören auf. Im subjektiven Erleben steht der qualvolle Durst beherrschend im Vordergrund. In den meisten Fällen scheint er am 3. bis 4. Tag der Wasser-Karenz seinen Höhepunkt zu erreichen. Dann gewinnen Sinnestäuschungen, Erregungszustände und Krämpfe immer mehr die Oberhand und gehen unter zunehmender Benommenheit in Bewußtlosigkeit und Tod über.

Die Folgen des ungestillten Durstes sind im Endeffekt nicht weniger verhängnisvoll, wenn man versucht, mangels reinen Wassers *den Durst mit salzreichem Seewasser zu stillen.* In dieser Situation sind Schiffbrüchige, die in Seenot Meerwasser trinken (s. S. 37). Die maximale Salzkonzentrationsleistung der Niere reicht nicht aus, um das osmotische Gleichgewicht im Körper zu erhalten. Das Wasser, das zur Salzaustreibung benötigt wird, wird dem Organismus entzogen. Das führt zu fortschreitender Wasserverarmung und schließlich zum Tod durch Verdursten.

Auf Wasser verzichten können gesunde Menschen verschieden leicht. In höheren Jahren vertragen sie es leichter als in jüngeren, im Kindesalter am schlechtesten. Aus sportärztlichen Erfahrungen wissen wir, daß unzureichender Ersatz für Wasserverluste schon dann zur Erhöhung der Körpertemperatur und zu Leistungsabfall führt, wenn von Austrocknung noch gar keine Rede sein kann. Der Sportler muß dem Durst nachgeben, damit er voll leistungsfähig bleibt.

Wassermangel ist ein sehr viel aktuellerer Zustand als *Wasserüberflutung*, als überhöhte Wasseraufnahme. Sie ist selten, weil der Organismus leistungsfähige Regulationsmechanismen besitzt, die das überschüssige Wasser schnell wieder ausscheiden. Von einem tödlich verlaufenen Fall von „Wasservergiftung" nach Einläufen in den Enddarm haben amerikanische Ärzte berichtet. Ein deutscher Forscher trank 127 Tage lang täglich etwa 12 l Wasser, manchmal 18 l. Nach wenigen Tagen hatte er sich an diese Wassermengen gewöhnt. Sein Allgemeinbefinden wurde aber immer schlechter. Den Kochsalzverlust während des Versuchs berechnete er zu 196 g.

Bei Tieren hat man in schweren Überwässerungszuständen Zittern, Bewegungsstörungen, Krämpfe und schließlich in Tod übergehende Bewußtlosigkeit beobachtet.

2.3 Riech- und Schmeckstoffe

Riech- und Schmeckstoffe sind *lebenswichtige Nährstoffe – keine „Genußmittel"*, keine überflüssigen Inhaltsstoffe von Nahrungsmitteln, die man genau so gut entbehren könnte. Dabei geht die biologische Bedeutung von Riechstoffen weit über die Ernährung hinaus. Der individuelle Duft ist oft mitbestimmend für zwischenmenschliche Sympathie und Antipathie – wenn man das auch nicht gerne wahrhaben will und nicht gerne darüber spricht.

Eine Kost, die „nach nichts" riecht und schmeckt, ist ungenießbar – und sei sie noch so reich an hochwertigen Proteinen und Vitaminen und Spurenelementen. In den Hungerjahren der Kriegs- und Nachkriegsjahre aßen viele, vor allen Dingen ältere Menschen, nicht einmal ihre knappen Rationen auf: Die reizlose, monotone Kost widerstand ihnen. In Ernährungsuntersuchungen an gesunden Menschen haben wir selbst und viele andere die Erfahrung gemacht, daß eine monoton-gleichbleibende Kost ohne abwechslungsreiche Genuß- und Geschmacksreize nur mit großer Willenanstrengung und Selbstüberwindung akzeptiert wird – und sei sie noch so reizvoll und mit allen küchentechnischen Künsten zubereitet und „appetitlich" serviert.

Geruchs- und Geschmacksempfindungen sind entscheidend für Nahrungswahl und Essensgenuß. Das attraktiv duftende Gericht gehört zu den Freuden des Alltags und zu den Feier- und Festtagen (s. a. S. 1). Die soziale Bedeutung des Essens hat hier eine ihrer stärksten Wurzeln. Wo geruchsempfindliche Tischgäste, die vom Essen etwas verstehen, an der Tafel fehlen, ist die Kunst des Kochs sinnlos und die soziale Funktion des Essens unwirksam. Zuckerkranke können süß, vielleicht auch salzig und bitter schlechter schmecken als Gesunde.

2.3.1 Riechstoffe

Die Geruchsorgane reagieren auf Riechstoffe überaus empfindlich (Tabelle 2).

Viel Mühe und Scharfsinn hat man an die Klarstellung der Beziehungen zwischen Struktur *riechbarer Substanzen* und Qualität der *Geruchsempfindungen* gewendet. Das Ergebnis war die Erkenntnis, „daß weder Daten von Reaktionsfähigkeit noch von chemischer Struktur den Schlüssel zu einer rationellen, quantitativen Deutung von Geruchsphänomenen geben" *(Dyson)*. Es lassen sich „derzeit keine allgemeinen chemischen oder physikalischen Eigen-

Tabelle 2. Schwellenwertkonzentration des Geruchs. (Aus *Glatzel* 1968)

Substanz	Schwellenwertkonzentration (mg/ml Luft)	Teile je Million
Diäthyläther	0,75–1,0	$7 \cdot 10^{-1}$
Merkaptan	0,00004	$3 \cdot 10^{-5}$
Synthet. Moschus	0,000005	$4 \cdot 10^{-6}$
Skatol	0,0000004	$3 \cdot 10^{-7}$
Vanillin	0,0000002	$2 \cdot 10^{-7}$

schaften angeben, nach denen man vorhersagen könnte, ob eine Substanz geruchlos ist oder nicht, geschweige denn, ob sie eine bestimmte Geruchsqualität besitzt. Allgemeine Übereinstimmung besteht aber wohl darüber, daß eine Substanz nur dann eine Geruchsempfindung auslösen kann, wenn sie flüchtige Partikel an die Luft abgibt. Es ist dies nur eine notwendige aber nicht hinreichende Bedingung, denn viele flüchtige Stoffe, namentlich einer Reihe von Gasen, sind geruchlos. Weiterhin wird meist ein gewisser Grad von Wasserlöslichkeit und Lipidlöslichkeit gefordert" *(Hensel)*.

Übersichtliche Darstellungen dessen, was man heute von den Beziehungen zwischen Geruchsempfindungen und chemischer Struktur der riechbaren Stoffe weiß, haben *Hensel* im Jahre 1966 und *le Magnen* im Jahre 1971 gegeben.

Verhältnismäßig gut erforscht sind die geruchsaktiven Inhaltsstoffe von *Würzpflanzen*. Der Geruch von Knoblauch, Schnittlauch, Zwiebeln und Kohl beruht u. a. auf ihrem Gehalt an Sulfiden. Ätherische Öle, stark geruchsaktive Stoffe, sind wesentliche Inhaltsstoffe von Anisöl, Bittermandelöl, Kümmelöl und Muskatöl, von Nelken-, Pfefferminz- und Zimtöl, von Vanille und Waldmeister.

Ein Stoff, der selbst nicht geruchsaktiv ist, aber die Wirkungsintensität anderer Stoffe verstärkt, ist die *Glutaminsäure* (eine Aminosäure). Sie ist Baustein vieler pflanzlicher und tierischer Eiweißstoffe und kommt vor allen Dingen im Weizen- und Maiskleber, in Sojabohnen, Kasein und Eiklar vor. Als Würzmittel, das die geistige Leistungsfähigkeit erhöhen soll, ist Glutaminsäure in Ostasien seit Jahrhunderten bekannt. In Japan soll der Verbrauch von Glutaminsäure bei 1,6 g/Kopf/Tag liegen. In neuerer Zeit wird der Stoff auch in Europa als Würzmittel für Soßen und Suppen benutzt. Glutamat (Mononatriumglutaminsäure) steht unter der Handelsbezeichnung Fondor oder Aromat in jedem Chinarestaurant auf dem Tisch. Ein akutes Krankheitsbild als Folge von reichlichem Glutamatgenuß ist als „China-Restaurant-Syndrom" bekannt geworden. Es äußert sich in Hitzegefühl mit Kopfschmerzen, Spannungsempfindungen im Gesicht und auf der Brust nach etwa 3 g Glutamat. Es gibt Menschen, die sehr empfindlich sind und andere, die selbst auf 20 g nicht reagieren. Mit Vitamin B_6 soll man die Empfindlichkeitserscheinungen verhüten können.

2.3.2 Schmeckstoffe

Der unübersehbaren Fülle von sinnlich wahrnehmbaren Geruchsqualitäten stehen nur *vier Geschmacksqualitäten* gegenüber: sauer, bitter, süß, salzig. Im Bereich des Geschmackssinnes kennt man die Beziehungen zwischen Sinnesqualität und Struktur des empfindungsinduzierenden Stoffes zwar besser als im Bereich des Geruchssinnes, aber längst nicht so genau, daß man aus der Struktur in jedem Falle Schlüsse auf die Geschmacksqualität ziehen könnte.

Sauer

Schon lange weiß man, daß die Geschmacksqualität sauer an die *Wasserstoffionenkonzentration* gebunden ist und daß stark dissoziierte Säuren in der Regel stärker sauer schmecken als schwach dissoziierte. Die Regel gilt aber nur mit Einschränkung: Aminosäuren schmecken süß, Pikrinsäure schmeckt bitter, organische Säuren schmecken bei gleicher Wasserstoffionenkonzentration stärker sauer als anorganische.

Bis jetzt ist es „nicht gelungen, eine allgemeine, für verschiedene Säuren gültige, quantitative Beziehung zwischen Wasserstoffionenkonzentration und Geschmacksintensität aufzufinden" *(Hensel)*.

Für die Geschmacksqualität sauer gibt es keinen *Bedarf*. Es gibt nur ein *Bedürfnis* nach Saurem. Die Intensität dieses Bedürfnisses und die obere Grenze des Erträglichen sind individuell höchst verschieden. Bei welchen Säureintensitäten und -mengen mit der Möglichkeit unerwünschter Folgen gerechnet werden muß, hängt nicht von der Intensität des Sauereffekts ab, sondern von der spezifischen Natur und der Menge der sauer schmeckenden Substanz.

Die Lebensmittelchemiker sprechen von „*Genußsäuren*" und halten Zitronensäure, Weinsäure, Milchsäure und Apfelsäure für „besonders bedeutungsvoll".

Bitter

Bis heute kennt man keine stoffliche Struktur, keine chemische Formel, an die die Geschmacksqualität bitter gebunden ist. Man kennt lediglich einige Gruppen, die vor allen Dingen Stickstoff,

Schwefel und Kohlenstoff enthalten und oft mit Bittergeschmack verbunden sind. Praktisch wichtig ist die Tatsache, daß sehr viele gebräuchliche Alkaloide Bitterstoffe sind: Chinin, Coffein, Nicotin, Strychnin u. a.

Hinsichtlich eines Zuwenig und Zuviel gilt sinngemäß das gleiche wie für die sauer schmeckenden Stoffe.

Süß

Mit dem Begriff süß verbindet sich das Wort Zucker. Einen Zucker*bedarf* hat der Mensch nicht. Ohne Zucker kann man leben. Wir haben aber ein *Bedürfnis,* süß zu essen. Zucker, leicht zu beschaffen, vielseitig verwendbar und leicht verdaulich, befriedigt dieses Bedürfnis am einfachsten, schnellsten und besten. In der Intensität des Süß-Bedürfnisses finden individuelle Besonderheiten des Stoffwechsels ihren Ausdruck und individuelle Besonderheiten der Persönlichkeitsstruktur. Die „Süßen", die Leute, die gerne Süßes essen, sind andere Leute als die „Sauren". Im Gegensatz zu den 3 anderen Geschmacksqualitäten wird die Qualität süß selbst in hoher Intensität noch angenehm erlebt. „Bis heute ist es nicht gelungen, die sehr komplexen Beziehungen zwischen Süßgeschmack und chemischer Struktur in ein befriedigendes System zu bringen" *(Hensel).*

Auch die Farbe scheint Einfluß auf die Intensität der Süßeempfindung zu haben.

Zucker schlechthin, *Haushaltszucker,* ist das Produkt der Zuckerrübe und des Zuckerrohrs, in der Sprache der Chemie: das Disaccharid Saccharose. Wenn im folgenden von Zucker die Rede ist, dann ist damit, sofern nicht ausdrücklich anders bemerkt, immer *die Saccharose* gemeint.

Der farb- und geruchlose Zucker, vielseitig in Speisen und Getränken verwendbar, ist im westlichen Kulturbereich ein *Bestandteil der täglichen Nahrung.* Nach Ergebnissen von Tierversuchen hat es den Anschein, als könne die Geschmacksempfindung süß die Insulinausschüttung der Bauchspeicheldrüse ingang setzen und damit die Verwertung des Zuckers vorbereiten. In hohen Konzentrationen wirkt Zucker keimhemmend und konservierend.

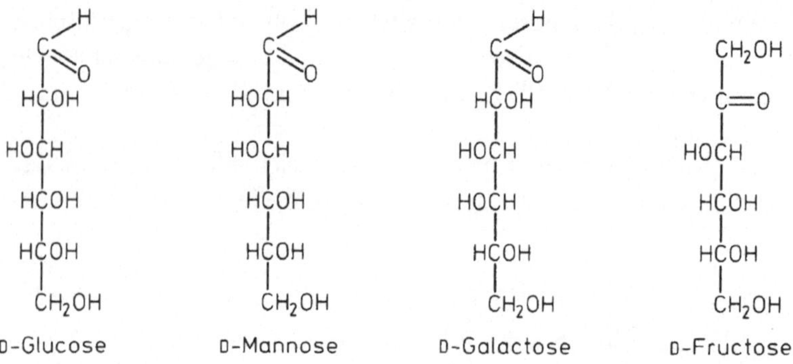

Abb. 2. Konfigurationen der wichtigsten natürlich vorkommenden Hexosen

Zucker verstärkt die dickende Wirkung von Pektinen in Gelees und Marmeladen. In Form und Kornfeinheit – Kristall-, Würfel-, Streu-, Puder-, Kandiszucker – läßt er sich auf spezielle Verwendungszwecke abstimmen.

Weil Zucker weder Proteine noch Fette noch Vitamine enthält und Elementarstoffe nur in Spuren, bezeichnen ihn die Anhänger „biologischer“ Ernährungsformen – was das im einzelnen auch sein mag – gerne als *„leere Kalorien“*. Der Ausdruck ist wenig glücklich gewählt, weil Kalorien keine Gefäße sind, die man füllen und leeren kann. Beliebt bei den Zuckergegnern sind auch Bezeichnungen wie *„Fabrikzucker“* und *„raffinierter Zucker“*. Damit wird der Anschein erweckt, als könne Zucker auch ohne technischen Aufwand hergestellt werden und „raffiniert“ habe etwas mit gerissen und betrügerisch zu tun. In Wahrheit ist „raffiniert“ ein technischer Ausdruck für gereinigt. Der *„Braune Zucker“* oder Rohzucker, der als „naturnäher“ gilt, unterscheidet sich vom haushaltüblichen Zucker dadurch, daß er Reste von Rübensaft und Schmutzstoffe enthält. Als Träger von Vitaminen und Elementarstoffen ist er bedeutungslos. Er ist jedoch ein guter Nährboden für Mikroorganismen, er ist wasserreicher als der raffinierte Zucker – und teurer. In Notzeiten, als brauner Zucker nicht selten an die Stelle des raffinierten Zuckers treten mußte, hat man bei Säuglingen Verdauungsstörungen gesehen und in der Imkerei das Absterben ganzer Bienenvölker.

Die Beziehungen des Haushaltzuckers (Saccharose) zu *anderen Zuckerarten* lassen sich mit Hilfe chemischer Strukturbilder leicht verstehen. Ausgangssubstanz ist die *Glucose*, der *Traubenzucker*. Glucose besteht aus 6 C-Atomen, 12 H-Atomen und 6 O-Atomen. Glucose ist einer der einfachen Zucker, der *Monosaccharide* (Abb. 2). Andere Monosaccharide mit der gleichen Zahl von C-, H- und O-Atomen, aber in anderer räumlicher Anordnung, sind *Galactose*, *Fructose* (Fruchtzucker) und *Mannose*. Im Gegensatz zu Glucose kann Fructose ohne Mitwirkung von Insulin im Organismus verwertet werden und ist deshalb für die Diätetik von Zuckerkranken von Bedeutung. Bei Ratten soll fructosereiches Futter zu krankhaften Störungen der Netzhaut im Auge führen.

Disaccharide entstehen durch Verbindung von 2 Monosaccharidmolekülen: Glucose + Glucose = *Maltose*, Glucose + Fructose = *Saccharose* (Rübenzucker), Glucose + Galactose = *Lactose* (Milchzucker).

Mangel an milchzuckerspaltendem Enzym, an Lactase, ist in afrikanischen und ostasiatischen Ländern nicht selten und hat zur Folge, daß es nach größeren Mengen Milchzucker, d. h. nach großen Mengen Milch, zu Brechdurchfall kommen kann.

Ein *Gemisch* von gleichen Teilen Glucose und Fructose, keine *Verbindung* wie die Saccharose, ist der *Honigzucker*, der Invertzucker. Daß Honig „gesünder" ist als Rübenzucker, ist volkstümliche Weisheit. Vermutlich verdankt der Honig diesen Ruf der Tatsache, daß er von „natürlichen" Bienen aus „natürlichen" Blüten gesaugt und in (allerdings „unnatürlichen") Bienenstöcken gesammelt und konserviert wird. Honig enthält nur Spuren von Vitaminen und Elementarnährstoffen. In der Heilkunde wird Honig, altem Brauche folgend, gelegentlich als Mittel zur Schleimlösung bei Bronchial- und Rachenkatharrhen und zur Beschleunigung der Wundheilung benutzt.

Monosaccharide mit 5 C-, 10 H- und 5 O-Atomen sind *Arabinose* und *Xylose*, Zuckeralkohole sind *Sorbit* (6 C-Atome) und *Xylit* (5 C-Atome).

Für die praktische Ernährung von Bedeutung ist die *Süßkraft der verschiedenen Zuckerarten*. Die Süßigkeit sinkt in der Reihenfolge Fructose – Saccharose – Glucose – Maltose – Lactose. Setzt man die Intensität des Süßgeschmacks von Saccharose = 100, dann ergeben sich die folgenden Zahlen: Fructose = 114, Invertzucker = 95, Glucose = 69, Matose = 46, Lactose = 39.

Süß schmecken auch die *Zuckeralkohole Xylit und Sorbit,* die in den letzten Jahren mehr Beachtung gefunden haben als bisher.

Sorbit kommt in vielen Pflanzen vor, wird industriell aus Maiszucker hergestellt und sowohl als Diabetiker-Nahrungsmittel wie auch als Rohstoff für Kosmetika und pharmazeutische Präparate verwendet.

Xylit schmeckt so süß wie Saccharose und ist ein regelmäßiges Zwischenprodukt des Kohlenhydratstoffwechsels. In der Sowjetunion und in Finnland wird Xylit in großem Umfang industriell aus Birkenholz hergestellt. Er kommt natürlich auch in einigen Obst- und Gemüsearten vor und wird als Süßmittel für Kaugummi benutzt. Kinder, die Xylit-Kaugummi kauen, bekommen bis zu 75% weniger Zahnkaries als Kinder mit Saccharose-Kaugummi. Xylit ist nicht toxisch. Der Mensch kann mehrere 100 g je Tag ohne Mitwirkung von Insulin ausnutzen. Dabei werden nur kleine Mengen im Urin ausgeschieden.

Andersartige Süßstoffe. Süß schmecken auch Stoffe, die keine Zucker sind, d. h. weder Mono- noch Disaccharide.

Dazu gehören *Beryllium-* und *Bleiverbindungen* (Bleiazetat = Bleizucker). 200mal so süß wie Zucker schmeckt das aus den Aminosäuren Asparagin und Phenylalanin bestehende *Aspartam* und süß schmecken Eiweißstoffe, die man in Pflanzen hat nachweisen können: *Monellin, Thaumatin, Miraculin, Acetosulfam* und *Steviosit.* Süß schmecken auch synthetische Würzstoffe, die ganz verschiedenen Stoffgruppen zugehören: *Saccharin* (Benzoesäuresulfimid) mit einer Süßkraft, die je nach Konzentration 200 bis 700mal so groß ist wie die Süßkraft von Saccharose. *Dulcin* (Paraphenetyl carbamid) ist, je nach Konzentration, 100 bis 400mal so süß wie Saccharose. *Glucin* (Natriumsalz der Di- und Trisulfosäuren des Triazins) besitzt eine Süßkraft, die etwa 300mal so groß ist wie die von Saccharose. *Cyclamat* (Cyclohexylsulfamat) ist 30–50mal so süß wie Saccharose. Das handelsübliche Präparat ‚Assugrin' enthält 70 mg Cyclamat je Würfel, das Präparat ‚natreen diätsüße' 40 mg Cyclamat und 4 mg Saccharin je Stück.

Niemand weiß, warum der Mensch zu allen Zeiten ein Verlangen nach Süßigkeiten hatte; der Wunsch nach süß ist universell und unbestritten. Man weiß auch schon lange, daß die Süßigkeit von

Zucker als wirksame Belohnung für kleine Kinder, Haustiere und Labortiere dienen kann. Das alte Testament spricht vom gelobten Land, in dem Milch und Honig fließen, und in einem buddhistischen Tempel in chinesisch Turkestan aus dem 4. Jahrhundert fanden Archäologen Zucker und Honig erwähnt. Es gibt keine Berichte über irgendein Kollektiv mit Nicht-Zucker-Tradition, das Zucker und zuckergewürzte Nahrungsmittel nach ihrer Einführung in die Kultur zurückgewiesen hat, und selbst zuckerintolerante Individuen konsumieren weiterhin Zucker, selbst wenn sie unter Beschwerden leiden. Unzählige Geschichten und Mythen kreisen um den Zucker.

Gefährlicher Zucker? Im Zeitalter des Mißtrauens gegen die Erzeugnisse der technischen Nahrungsmittelproduktion konnte nicht ausbleiben, daß auch der Zucker Mißtrauen erregte. So hat man im hohen Zuckerverzehr eine Ernährungsgewohnheit gesehen, die die Entstehung von *Zuckerkrankheit* (Diabetes mellitus) begünstigt. Von überzeugenden Beweisen dieser Hypothese kann indes keine Rede sein. Gegen sie sprechen die Ergebnisse sachkundig durchgeführter epidemiologischer Erhebungen. Ein Beispiel dafür aus neuester Zeit: Von 100 000 Angestellten einer Erhebung hatten diejenigen, die diabetisch geworden waren, in der Zeit vor dem Auftreten ihres Diabetes *weniger* Zucker gegessen als jene, die diabetesfrei blieben. Eine Tendenz zu steigendem Blutzucker ging weder mit steigendem Kaloriengehalt noch mit steigendem Kohlenhydrat-, Fett-, Protein- oder Zuckergehalt der Kost einher. Es bestand vielmehr der Eindruck, daß mit steigendem Saccharoseverzehr die *Zuckertoleranz zunahm.* „Es ist unwahrscheinlich, daß überhöhter Verzehr von einzelnen Nahrungsbestandteilen schuld ist an der Diabetesentstehung" *(Keen).* Mit steigendem Zuckerverzehr sank das Körpergewicht. Gegensinnige Beziehungen zwischen Zuckerverzehr und Fettleibigkeit haben sich auch bei Untersuchungen von 450 Geschäftsleuten gezeigt.

Alles in einem: *Zucker begünstigt weder die Entstehung von Diabetes mellitus noch von Fettleibigkeit.*

Auf der Suche nach den Ursachen der steigenden Häufigkeit von Krankheiten der *Herzkranzgefäße* (Koronarkrankheiten, Herzinfarkte) ist auch der Zucker in Verdacht geraten. Auf eine Gleichläufigkeit von Koronarkrankheiten und Zuckerverzehr schienen epidemiologische Beobachtungen zu deuten. Verglich man aber den Zuckerverzehr von Kollektiven mit unterschiedlicher Höhe des Zuckerverzehrs aber gleicher Höhe des Fettverzehrs, dann ließ sich *keine Korrelation zwischen Häufigkeit und Koronarkrankheiten und Höhe des Zuckerverzehrs* feststellen. Der Medical Research Council der USA hat 1979 Erhebungen zum gleichen Thema durchgeführt mit dem Ergebnis: Kein unterschiedlicher Zuckerverzehr bei Koronarkranken und Nicht-Koronarkranken.

Unter dem Schlagwort *„Leben ohne Brot"* hat sich *Lutz* gegen hohen Zuckerverzehr gewandt und gefordert, den Kohlenhydratverzehr insgesamt von rund 380 g/Tag im Jahre 1976/77 auf 60 bis 70 g/Tag zu reduzieren. Das Verdienst von *Lutz* liegt darin, daß er auf einen Ernährungsfaktor hingewiesen hat, der möglicherweise für Genese und Therapie verschiedener Krankheiten von Belang ist. Wieweit seine Hypothese den Tatsachen entspricht, bleibt abzuwarten.

Erwiesen ist, daß Zucker in der Genese der *Zahnkaries* eine Rolle spielt, unter der Voraussetzung, daß der Zucker an den Zähnen kleben bleibt. Im Zusammenspiel mit Mikroorganismen intensivieren Nahrungskohlenhydrate, die an den Zähnen haften bleiben, die Bildung von Plaques, d.h. von weichen, zäh haftenden Bakterienansiedlungen auf der Zahnoberfläche.

Die Beziehungen zwischen Zucker und Zahnkaries sind vor allen Dingen durch die Untersuchungen von *Gustafsson* u. a. in der Anstalt von *Vipeholm* klargestellt worden. Der Genuß von Süßigkeiten *zwischen* den Mahlzeiten macht mehr Zahnkaries als der Genuß von Süßigkeiten *zu* den Mahlzeiten. Die Karieshäufigkeit ist noch geringer, wenn man innerhalb von 10 Minuten nach dem Essen gründlich die Zähne putzt.

Zucker in klebriger Form wirkt am stärksten kariogen. Zuckeraustauschstoffe zur Kariesprophylaxe (Xylit u. a.) haben aber trotz aller Empfehlung wenig Anklang gefunden.

Die Meinung, das raschere Wachstum und der frühzeitigere Eintritt der Geschlechtsreife *(Akzeleration)* und das stärkere Längenwachstum in Europa in den letzten hundert Jahren seien eine Folge des starken Zuckerkonsums, beruht auf Verwechslung von Korrelation und Kausalität, von Gleichzeitigkeit und Ursächlichkeit.

Die Federation of the American Societies of Experimental Biology hat festgestellt: *Abgesehen von der Mitwirkung an der Zahnkaries gibt es bis heute keinen klaren Beweis dafür, daß Zucker eine Gefahr für die Allgemeinheit ist, wenn er in den heute üblichen Mengen und der heute üblichen Art und Weise verwendet wird (Lee).*

Salzig und Salz (Kochsalz, Natriumchlorid)

Was schmeckt salzig? Inbegriff des Salzgeschmacks ist der Geschmack des Kochsalzes, des *Natriumchlorid.* Der Salzgeschmack hängt von seinem Natrium- wie auch von seinem Chlorgehalt ab. Von chloridhaltigen Salzen schmeckt Ammoniumchloridlösung am salzigsten. Es folgen Kaliumchlorid, Calciumchlorid, Natriumchlorid, Lithiumchlorid und Magnesiumchlorid. Von den Natriumsalzen schmeckt Natriumsulfat am stärksten salzig. Es folgen Natriumchlorid, Natriumbromid, Natriumjodid, Natriumcarbonat und Natriumnitrat. Die Geschmacksqualitäten ändern sich vielfach auch mit der Konzentration des Salzes (Tabelle 3).

Vom Kochsalzbedürfnis. Stellt man die Frage nach der Höhe des Kochsalzbedarfs, dann liegt es nahe, zuerst die Frage nach den Ursachen des Kochsalzbedürfnisses zu stellen. Warum hat der Mensch ein Bedürfnis nach Kochsalz? Warum hat das Kochsalz seit Jahrtau-

Tabelle 3. Geschmacksqualität von Salzen bei verschiedener Konzentration. (Nach *Hensel* 1967)

mol/l	NaCl	KCl
0,009	Kein Geschmack	Süß
0,01	Schwach süß	Stark süß
0,02	Süß	Süß, vielleicht bitter
0,03	Süß	Bitter
0,04	Salzig, schwach süß	Bitter
0,05	Salzig	Bitter, salzig
0,1	Salzig	Bitter, salzig
0,2	Rein salzig	Salzig, bitter, sauer
1,0	Rein salzig	Salzig, bitter, sauer

senden in der Geschichte aller Völker eine so einzigartige Rolle gespielt?

In den 70er Jahren des vergangenen Jahrhunderts hat der Physiologe und Chemiker *Gustav von Bunge* die Meinung vertreten, das Salzbedürfnis hänge mit der *vegetabilischen Nahrung* zusammen. Die kaliumreiche und natriumarme Pflanzenkost lasse den Organismus an Natrium verarmen. *Bunge* hielt es für bedeutsam, daß der gleiche Unterschied wie bei den Pflanzen- und Fleischfressern auch unter den Menschen sich geltend mache, „indem zu allen Zeiten und in allen Ländern diejenigen Völker, welche fast ausschließlich von animalischer Nahrung leben – Jäger, Fischer, Nomaden –, das Salz entweder gar nicht kennen oder, wo sie es kennenlernen, verabscheuen, während die vorherrschend von Vegetabilien sich nährenden Völker ein unwiderstehliches Verlangen danach haben." Diese Theorie erweist sich bei genauem Zusehen als unbefriedigend. Einmal gibt es voll kräftige Völkerstämme, die vorwiegend von Pflanzenkost leben, regelmäßigen Kochsalzverzehr aber trotzdem nicht kennen. Ihre „Kochsalzersatzmittel", meist Pflanzenaschen, enthalten außer Natrium auch ganz beträchtliche Mengen Kalium, und „Kochsalzersatzmittel" gleicher Art gebrauchen vielfach sogar jene Völker, die sich vorwiegend von Fleisch ernähren. Die von kaliumarmem Reis lebenden Völker Ostasiens kennen das Kochsalz seit Jahrtausenden, und bei vielen Volksstämmen mit hohem Fleischverzehr ist das Salz ein durchaus gebräuchlicher Nahrungsbestandteil. Schließlich führt hohe Kaliumzufuhr nur anfänglich zum Überschießen der Natriumausscheidung: Bei gleichbleibender Höhe der Kaliumzufuhr wird das anfangs überschüssig ausgeschiedene Natrium im Laufe weniger Tage wieder eingespart.

Nach allem, was wir wissen, ist es näher liegend, das Kochsalzbedürfnis mit dem *Kohlenhydratumsatz* in ursächlichen Zusammenhang zu bringen. Es hat sich zeigen lassen, daß Kochsalz, einem Gericht von Kartoffeln zugesetzt, die Verzuckerung den Stärkeabbau beschleunigt und die maximale Verzuckerungsfähigkeit der Speichelamylase erhöht. Die Beschleunigung der Verzuckerungsgeschwindigkeit ist am größten bei jenen Salzkonzentrationen, die das Individuum geschmacklich als optimal empfindet. Kochsalz erhöht auch die Verzuckerungsfähigkeit der Pankreasamylase, des Enzyms der Bauchspeicheldrüse. Es scheint weiterhin, daß es unter bestimmten Bedingungen die Leberdiastase aktivieren kann. Endlich greift Kochsalz in den Vorgang der Kohlenhydratresorption ein: Eine 1%ige Traubenzuckerlösung wird schneller resorbiert, d. h. im Darm aufgesaugt, wenn man ihr etwas Kochsalz zusetzt.

Nach Angaben japanischer Autoren soll Kochsalz die *Widerstandsfähigkeit gegen Kälte* steigern.

Daß der Mensch ein Bedürfnis nach Kochsalz hat, ist also biologisch wohl verständlich.

Kochsalz ist nicht *„die verbotene Frucht oder Nahrung und die Hauptursache von körperlichen und geistigen Krankheiten* von Menschen und Tieren, wie es von den ägyptischen Priestern und von der Heiligen Schrift gelehrt wird, in Übereinstimmung mit des Autors langjähriger Erfahrung" – d. h. der Erfahrung des Dr. *Howard*, der 1830 eine Schrift unter diesem Titel erscheinen ließ, und dem auch heute noch unzählige Reformer und Sektierer anhängen. „Das moderne Kochsalzschwelgen" heißt eine 1877 veröffentlichte Schrift von *Oidtmann*. *Riedlin* (1924) meint, der „wahre Salzbedarf" betrage nur wenige hundertstel Gramm täglich. „Soweit das Verlangen nach Salz im Geschmack wurzelt, ist dreierlei zu unterscheiden: Die Gewohnheit, unnötig Salz zu genießen, der Gebrauch entwerteter, ungeeigneter Nahrungsmittel und das Verlangen der Seele nach derben, starken Reizen... Wirken wir alle dazu mit, daß die Abnahme des Salzverbrauchs mählich eine Verfeinerung der Seelen anzeige... Der Salzmißbrauch trägt ... zur Entartung der Rasse bei." Und bei *Bircher-Benner* erfährt man: „Der übliche Kochsalzzusatz ist in der Regel so groß, daß er im Laufe der Jahre zur Schädigung der Gesundheit und der Konstitution beiträgt." Der Zivilisierte greift aus Sehnsucht „zu dem Steinsalz, dessen Reiz ihm ein urweltliches Behagen, die Heimkehr und das Versinken in die Meeresfluten vorgaukelt." Mit den Giften Alkohol und Nikotin auf eine Stufe stellen *Lux und Lux* das Salz, und starke Worte hat auch der Chemiker *Berg* gegen das Kochsalz und den landesüblichen Kochsalzverzehr gefunden. Ganz im Gegensatz zum Kochsalz erfreut sich das Meersalz in Reformerkreisen großer Beliebtheit. Das unmittelbar aus dem Meer gewonnene Meersalz gilt als „natürlich" gegenüber dem aus dem Boden, d. h. aus Meeresablagerungen gewonnenen Steinsalz und Salinensalz.

Salzmangel. Von den Beziehungen zwischen Wasser- und Kochsalzverlusten war auf Seite 19 die Rede.

Es fragt sich: Wieviel Salz braucht der Mensch, um in optimaler Gesundheit und Leistungsfähigkeit in optimalem Wohlbefinden leben zu können.

Die Folgen von *extremem Salzmangel* für den gesunden Menschen haben Forscher in Selbstversuchen und Versuchen an entsagungsbereiten „Versuchspersonen" ermittelt. Bei Kochsalzaufnahme von weniger als 1 g je Tag – der Kochsalzkonsum in der BRD liegt heute zwischen 10 und 15 g/Kopf/Tag – kommt es im Laufe von einigen Wochen zu körperlicher und geistiger Erschöpfung, Unlust, Übelkeit, Kopfschmerzen, Muskelkrämpfen und Abstumpfung der Geruchsempfindungen. „Cigarettes had lost their flavor", meinte ein Engländer aus eigener Erfahrung. Blutvolumen und Blutwassergehalt nehmen ab.

Die schwerwiegendste Gefahr einer salzarmen Ernährung liegt darin, daß infolge des Natriummangels und der dadurch bedingten Wasserverarmung die Ausscheidungsfähigkeit der Niere für stickstoffhaltige, ausscheidungspflichtige Stoffe abnimmt und sich eine Art von Selbstvergiftung entwickelt. Französische Kliniker haben schon um die Jahrhundertwende auf diese Überladung des Blutes mit ausscheidungspflichtigen Stickstoffverbindungen aufmerksam gemacht und von *Azotémie par manque de sel* gesprochen.

Mangelerscheinungen infolge hoher *Kochsalzverluste* können sich bei Nebennierenkrankheiten (*Addison*'scher Krankheit), bei ausgedehnten Verbrennungen und Strahlenschädigungen, bei operativen Eingriffen, bei bestimmten Herz- und Nierenkrankheiten und, wie schon erwähnt (siehe Seite 19), bei hohen Schweißverlusten entwickeln.

Salzarme Kost in der Krankenernährung. Es gibt kaum einen Zustand, bei dem nicht irgendjemand irgendwann es für nötig gefunden hätte, vor Salz zu warnen.

Für viele gehört dazu auch heute noch die *Schwangerschaft:* Schwangere Frauen sollen Salz meiden. Es gibt indessen keine sachgerechten Beobachtungen, die dagegen sprechen, daß auch die schwangere Frau nach Belieben salzen kann.

Kochsalzmangel kann ein *therapeutisches Ziel* sein. Wassersüchtige Herz- und Nierenkranke, wassersüchtige Hungerkranke müssen salzarm leben, um höhere Belastung der Kreislauforgane durch Wasseransammlungen zu verhindern. 5 bis 6 g Salz binden 1 l Wasser im Körper! Verzichtet man auf das Nachsalzen bei Tisch und streicht man die gesalzenen Nahrungsmittel aus dem Speisezettel – gesalzene Butter, gesalzenen Käse, gesalzene Fleisch- und Wurstwaren, gesalzenes Brot –, dann kommt man auf etwa 3 bis 5 g Salz/Tag.

Über Wochen und Monate mit nur 3 bis 5 g Kochsalz/Tag zu leben, stellt hohe Anforderungen an Verzichtbereitschaft und Selbstdisziplin – und an die Kunst der Küche. Die *Kochsalzersatzmittel*, die die Industrie anbietet, sind nur unvollkommener Ersatz. Sie schmecken bestenfalls salzähnlich.

Als Indikation für streng kochsalzarme Ernährung gilt heute in erster Linie die *essentielle Hypertonie* (e.H.). „Essentiell" bedeutet: unbekannte Ursache. Hypertonie ist der Zustand überhöhten Blutdrucks. Der Blutdruck wird jeweils durch 2 Zahlen gekennzeichnet: Den Druck bei Zusammenziehung und den Druck bei Erschlaffung des Herzens (systolischer und diastolischer Blutdruck). Ausgedrückt wird er in mm Quecksilber (Hg). Von Hypertonie spricht man nach internationaler Übereinkunft, wenn der systolische Blutdruck über 160 und der diastolische Blutdruck über 95 mm Hg liegt (= über 160/95).

Die *Beziehungen zwischen Hypertonie und Kochsalz*, wie sie sich *aufgrund wissenschaftlicher Erhebungen und Erfahrungen* im Jahre 1981 darstellen, hat unlängst *Pickering* zusammengefaßt: 1) Es gibt Kollektive mit hohem Kochsalzverzehr und hohem Blutdruckniveau und es gibt Kollektive mit niederem Kochsalzverzehr und niedrigem Blutdruckniveau. Weil es aber auch viele andere Unterschiede zwischen den Kollektiven gibt, läßt sich nicht beweisen, daß hoher Salzverzehr die *Ursache* der Hypertonie ist. Außerdem haben die meisten epidemiologischen Erhebungen in westlichen Kollektiven keine Beziehung zwischen Salzverzehr und Blutdruck erkennen lassen. 2) Die Auswirkungen strenger Salzeinschränkung auf den Blutdruck sind unterschiedlich und im allgemeinen enttäuschend. Die individuelle Reaktion schwankt in weiten Grenzen. Einschränkung des Kochsalzverzehrs auf 3 bis 5 g/Tag kann bei gering ausgeprägter Hypertonie den Druck senken. Bei Blutdruckniveau um 200 mm Hg muß der Kochsalzverzehr auf 1 bis 2 g/Tag gesenkt werden, um Blutdrucksenkung zu erreichen. Eine Kost mit 1 bis 2 g Salz/Tag hält auf die Dauer aber niemand durch und es ist deshalb auch gar nicht verwunderlich, daß es keine einwandfreien Beobachtungen über den Langzeiteffekt kochsalzärmster Ernährung gibt. Man muß mit der Möglichkeit rechnen, daß im Laufe der Zeit der Blutdruck wieder ansteigt, selbst wenn die kochsalzärmste Kost streng eingehalten wird. 3) Tierexperimentelle Beobachtungen sind von fragwürdiger Bedeutung, wenn es um die Beurteilung menschlicher Krankheiten geht. 4) Versuche, bei denen der Salzverzehr erhöht wurde, haben gezeigt, daß der Blutdruck gesunder Menschen nur bei Größenordnungen des Salzverzehrs ansteigen, die weit über denjenigen liegen, die normalerweise vorkommen. 5) Man muß den Schluß ziehen, daß *geringfügige Senkungen des Salzverzehrs als Mittel der Hypertonieprophylaxe untauglich sind.*

Alles in allem: Es ist nicht erwiesen, daß Menschen, die viel Salz essen, häufiger an essentieller Hypertonie erkranken als Menschen desselben Kollektivs, die wenig Salz essen. Es ist nicht erwiesen, daß Menschen, die an essentieller Hypertonie leiden, mehr Salz gegessen haben als gesunde Menschen desselben Kollektivs. Es ist nicht erwiesen, daß kochsalzarme Ernährung eine bleibende Senkung des Blutdrucks von Menschen mit ständig erhöhtem Blutdruck (fixierter Hypertonie) bewirken kann. Erwiesen ist hingegen, daß in den Hungerjahren der Kriegs- und Nachkriegszeit mit *extrem hohem Salzverzehr* – weit über 20 g/Kopf/Tag – das Blutdruckniveau im ganzen *tiefer* lag als in Vorkriegsjahren mit geringerem Salzverzehr.

Aus allen diesen Gründen ist es wenig sinnvoll, Kranken mit essentieller Hypertonie kochsalzarme Ernährung zu verordnen: Kranken mit leichter Hypertonie brauchen diese Verordnung nicht und den Kranken mit schwerer Hypertonie nützt sie nichts, weil sie sie auf die Dauer nicht einhalten. Die Behandlung der essentiellen Hypertonie ist eine Aufgabe der medikamentösen und nicht der diätetischen Therapie. Schließlich sollte man nicht eine Tatsache vergessen, die allen Ärzten geläufig ist: Nicht jeder, bei dem zu irgendeiner Gelgenheit ein erhöhter Blutdruck festgestellt wurde, ist ein Hypertoniker. Beschwerden bekommt ein solcher Mensch in der Regel erst dann, wenn man ihm sagt, er habe hohen Blutdruck und anfängt, ihn zu „betreuen".

Zur Frage der Kochsalzschädigung. Daß man sich und andere mit Kochsalz umbringen kann, wird hin und wieder behauptet. Ob es stimmt, wissen wir nicht.

Tiere verhalten sich hohen Kochsalzdosen gegenüber ganz unterschiedlich. Tierexperimentelle Ergebnisse sind schon deshalb nicht übertragbar.

Mit Schäden infolge hoher Kochsalzaufnahme muß man bei *Menschen* rechnen, die in *Seenot geraten und dann Meerwasser trinken.* Die Gefahr liegt in der Wasserverarmung und Kochsalzüberladung. Neben rund 3% Kochsalz enthält Seewasser Magnesium und Sulfat, in kleinen Mengen auch Kalium, Calcium und Spurenelemente. Kurzfristig ist es besser, täglich 500 ml Seewasser zu trinken, als ganz auf Wasser zu verzichten. Es kommt dabei aber – und noch ausgeprägter bei Tagesmengen von 1000 ml – zu einer Eindickung des Blutes und unzureichender Ausscheidung harnpflichtiger Stoffe. Der 70 kg schwere Mensch enthält rund 42 kg = 60% Wasser. Verluste von 10% des Körperwassers, d. h. von rund 6 l, sind bedrohlich. In dieser Größenordnung liegen die Wasserverluste des Schiffbrüchigen, der 4 Tage lang ausschließlich 500 g Seewasser trinkt. Lebensgefahr, d. h. Verlust von 20% des Körperwassers, droht nach 7 Tagen. Gleichzeitige Nahrungszufuhr schiebt (wegen des Wassergehaltes der Nahrungsmittel und des Verbrennungswassers) die Austrocknung hinaus.

Im Zeichen von „Alles Leben ist aus dem Meer entstanden", kann man die Behauptung hören, der *Mineralgehalt des Seewassers* entspreche dem Mineralgehalt des Blutplasmas. Das ist unrichtig: Einmal ist die Gesamtkonzentration der Salze im Seewasser 2 bis 3mal so groß wie im Blut. Außerdem kommen im Seewasser auf 100 g Natrium 0,6mal soviel Kalium, 1,3mal soviel Calcium und 18,4mal soviel Magnesium wie im Blutplasma. Zufolge seines Gehaltes an Sulfaten ist Seewasser ein Abführmittel. Spezielle Wirkungen auf den Menschen sind im übrigen bislang immer nur behauptet, niemals aber nachgewiesen worden.

Die Kinderärzte kennen das *Kochsalzfieber der Säuglinge:* Gibt man einem 1 bis 3 Monate alten Säugling 100 ml einer 3- bis 5%igen

Kochsalzlösung, dann steigt 2 bis 4 Stunden später seine Körpertemperatur an, erreicht nach 6 bis 8 Stunden ihren Höhepunkt und ist nach 24 Stunden wieder auf Normalniveau angelangt. Jüngere Kinder bekommen leichter Kochsalzfieber als ältere. Wasserverarmung gilt als Ursache der Temperatursteigerung. Der Erwachsene bekommt kein Fieber, selbst wenn er 20 oder 30 g Salz auf einmal zu sich nimmt.

Es steht außer Zweifel, daß bestimmte *Herz-, Nieren- und Hautkrankheiten* durch kochsalzreiche Ernährung verschlimmert werden können.

Zu solchen unmittelbaren Kochsalzschäden kommt die Möglichkeit *mittelbarer Schäden:* Kochsalz kann die Minderwertigkeit von Nahrungsmitteln und die Mängel der Kochkunst verdecken. Je schlechter die Küche, desto größer ihr Salzverbrauch. Wenn aber in einer Zeitschrift die Überschrift steht: „Kochsalz ist ein schwer ausrottbarer Schädling", dann ist das in dieser allgemeinen Form ganz einfach falsch.

3 Verbrauch und Verzehr

Der Nahrungs*verbrauch* bemißt sich nach der Menge der Nahrungsmittel, die Landwirtschaft und Nahrungsmittelindustrie anbieten, die auf den Markt kommen und die die Verbraucher erwerben. Die Feststellung des Verbrauchs läßt erkennen, ob überhaupt die *Möglichkeit* einer optimalen Ernährung gegeben ist.

Ob die Ernährung tatsächlich optimal ist, d. h. ob der Bedarf an den einzelnen Nährstoffen gedeckt, ob die Nährstoffaufnahme zu niedrig oder zu hoch ist – die Antwort auf diese Frage ergibt erst die Feststellung des *Verzehrs.* Der Verzehr bemißt sich nach der Menge der Nahrungsmittel die *tatsächlich gegessen* werden.

3.1 Vom Verbrauch zum Verzehr

Entscheidend für Gesundheit, Wohlbefinden und Leistungsfähigkeit ist nicht der Verbrauch, sondern allein der Verzehr. Er läßt sich überschlagsweise dadurch ermitteln, daß man von den Verbrauchsmengen die Verluste abzieht, die durch Schwund, Aufbewahrung, Lagerung, Transport, Zubereitung und Küchenabfall entstehen. Diese Verluste sind größenordnungsmäßig durch Erfahrungen ermittelt worden. Die errechneten Zahlenwerte des Nährstoffgehaltes der Nahrungsmittel bilden die Grundlage der gebräuchlichen *Nahrungsmitteltabellen* (Lebensmitteltabellen) von *Cremer, Souci, Wirths* und vielen anderen.

„Aus den Tabellen ist zu ersehen, welche Nährstoffmengen im verzehrten Anteil von 100 g eingekauften Lebensmitteln enthalten sind. Außerdem wird der Energiegehalt der eßbaren Anteile der Lebensmittel genannt sowie die durchschnittliche Abfallsmenge... In den Tabellen ist *nicht* der bei Lagerung, Vor- und Zubereitung entstehende mögliche Verlust an eßbarer Substanz enthalten. Es kann sich sowohl um unvermeidliche Verluste handeln, wie Festhaften von Nahrungsresten an Töpfen und Schüsseln, um Verderb oder Schwund oder um Lebensmittel, die an Haustiere verfüttert werden. Diese Verluste sind von Lebensmittel zu Lebensmittel und von Nährstoff zu Nährstoff sehr verschieden. Nach vorliegenden Erhebungen betragen gegenwärtig derartige Verluste an genießbarer Substanz im Durchschnitt der Bevölkerung etwa 10%. *Die sich aus den Tabellen ergebenden Nährwertmengen sind also durchschnittlich um rund 10% zu kürzen, wenn man die tatsächlich verzehrten Lebensmittel zu ermitteln versucht.* Der Nährstoffgehalt pflanzlicher Erzeugnisse schwankt in weiten Grenzen je nach Produktionsvoraussetzungen wie Standort, Klima, Düngung, Ernte, Art und Dauer der Lagerung. Der Nährstoffgehalt tierischer Produkte wird von Rasse, Fütterungs- und Haltungsverhältnissen beeinflußt. Viele Lebensmittel werden in mehreren Qualitätsstufen gehandelt. Infolge der großen Schwankungsmöglichkeit in der Zusammensetzung der Lebensmittel enthalten die Tabellen *gerundete Näherungswerte* für die einzelnen Nährstoffe" *(Wirths).*

Die Ermittlung der Nährstoffversorgung eines *Kollektivs* muß und kann sich auf „gerundete Näherungswerte" für die einzelnen Nährstoffe im genannten Sinne stützen. Eine umfangreiche Liste des Nährwertgehaltes von 615 verschiedenen Nahrungsmitteln und Nahrungsmittelzubereitungen hat *Robinson* ihrem Lehrbuch angefügt. Wo es jedoch um die Ermittlung der Nährstoffversorgung eines Einzelnen oder einer kleinen Gruppe von Menschen geht – von Kranken, bei wissenschaftlichen Untersuchungen –, da müssen die Verluste genauer ermittelt werden. Man muß in die Berechnung des speziellen Nährstoffgehalts diejenigen Faktoren einbeziehen, von denen bekannt ist, daß sie den Nährstoffgehalt nennenswert beeinflussen können: Küchen- und Tellerabfälle, Schälverluste, Vitaminverluste bei mechanischer Zerkleinerung und beim Erhitzen, beim Wässern, beim Kochen und im Drucktopf, beim Warmhalten, beim Blanchieren und die Haltbarkeit beim Lagern in Abhängigkeit von der Lagerungstemperatur. Was bis heute fehlt, sind sachgerechte Bestimmungen des Tellerabfalls – eines sehr wesentlichen Faktors im Zeitalter der „Wegwerfgesellschaft". Bleiben diese Faktoren unberücksichtigt, dann kommt man leicht zu Werten für den Nährstoffgehalt, die höher liegen als der tatsächliche Verzehr ist. (Zusammenstellung von Ergebnissen spezieller Untersuchungen dieser Art in den Tabulae Diaeteticae von *Glatzel.*)

3.2 Verbrauch und Verbrauchsverschiebung

Verbrauch und Verzehr schwanken national, landschaftlich, familiengebunden und zeitgebunden in weiten Grenzen. Im hier gegebenen Rahmen geht es weder um eine Geschichte noch um eine Geographie der Ernährung. Es geht allein um die *Ernährungsverhältnisse in Deutschland in der Gegenwart und der allernächsten Vergangenheit.*

Den *Nahrungsmittelverbrauch in der Bundesrepublik* während der jüngsten Vergangenheit veranschaulichten die Tabellen 4 und 5 sowie die Abbildungen 3 und 4. Danach hat von 1935 bis 1970 *zugenommen* der Verbrauch an Zucker, Gemüse, Frischobst, Südfrüchten, Rind- und Schweinefleisch, Geflügel, Käse, Kondensmilch, Quark, Eiern und Gesamtfett. *Abgenommen* hat der Verbrauch an Getreideerzeugnissen, Kartoffeln, Kalbfleisch, Trinkvollmilch und der Gesamtenergiegehalt. In den Nachkriegsjahren 1949/50 lag der Verbrauch von Zucker, Fleisch, Milch, Eiern und Fetten tiefer als in den Jahren vor und nach dem Kriege. Der Verbrauchstrend von 1957/1958 bis 1969/1970 setzte sich bis 1978/1979 fort. Der Ver-

Tabelle 4. Verbrauch an Nahrungsmitteln in der BRD in kg je Kopf und Jahr

	1935/ 1938	1948/ 1949	1957/ 1958	1968/ 1969	1979/ 1980
Getreideerzeugnisse in Mehlwert	110,5	123,9	89,5	68,0	67,0
Brotgetreideerzeugnisse in Mehlwert	108,0	115,5	86,1	64,1	63,3
Reis, poliert	2,5	0,1	1,4	1,6	1,7
Hülsenfrüchte	2,3	3,2	1,5	1,1	1,0
Kartoffeln	176,0	219,0	150,0	112,0	86,0
Zucker	26,0	19,5	28,0	31,8	36,1
Gemüse	51,9	59,4	48,9	56,0	73,4
Frischobst	36,3	21,7	28,8	92,9	88,8
Südfrüchte	5,7	1,4	18,8	19,0	20,5
Rindfleisch o. Fett	14,8	6,6	16,0	20,8	21,6
Kalbfleisch	3,2	1,3	1,8	2,0	2,0
Schweinefleisch o. Fett	29,2	7,1	28,8	37,3	49,6
Fleisch insges. o. Fett	52,8	18,1	52,6	73,2	90,6
Vollmilch	126,0	67,6	114,8	104,2	84,2
Käse	3,5	2,6	4,3	5,3	13,5
Quark	0,9	0,4	2,2	4,0	5,9
Butter	8,1	4,5	7,4	8,8	7,2
Margarine	6,1	–	12,1	9,2	–
Fette, insges.	21,0	9,5	25,2	25,8	26,6
Eier	7,4	2,5	11,6	15,2	17,0
Kalorien	3043	2540	2961	2957	–
Eiweiß, insges., g	84,4	80,4	79,7	80,5	–
Eiweiß, tier., g	42,5	26,4	45,5	51,6	–
Reinfett, g	110,8	51,6	123,8	135,7	–
Kohlenhydrate, g	435,2	451,6	385,1	363,1	–

Erzeugung und Einfuhrüberschuß einschließlich Abfall und Verderb

brauch an Zucker, Gemüse, Schweinefleisch, Geflügel, Käse, Quark und Eiern hat weiter zugenommen. Weiter abgenommen hat der Verbrauch an Kartoffeln. Nicht weiter abgenommen hat in

Tabelle 5. Verbrauchsverschiebungen in Deutschland. (Aus *Wirths, W., Keller, W., Kraut, H.:* Work and Food. Nutr. et Dieta 8, 168, 1966)

Verbrauch kg/Kopf/Jahr	1800	1900	1965
Brot	300	150	95
Kartoffeln	50	200	120
Fleisch	13	30	65
Speisefette	10	16	26
Gemüse	–	36	50
Obst	–	36	95

den letzten 10 Jahren der Verbrauch an Getreideerzeugnissen, abgenommen aber der Verbrauch an Gesamtfett. Die Abbildungen 3 und 4 veranschaulichen diese Verbrauchsverschiebungen (Ernährungsbericht 1980, S. 54, 56, 57, 58).

Für die *USA* gibt es „annähernde Trendwerte" für die Jahre 1879, 1889 und 1899 und offizielle Schätzwerte für die Jahre 1910, 1920, 1930, 1940, 1950 und 1958. Die Verbrauchsverschiebungen gingen in gleicher Richtung wie in Deutschland: Zunahme des Verbrauchs von Zucker, Südfrüchten, Rindfleisch, Geflügel, Käse, Kondensmilch und Eiern; Abnahme des Verbrauchs von Getreideerzeugnissen, Kartoffeln und Trinkvollmilch *(Bennett und Pierce, Gortner).*

Man darf sagen, daß in allen Ländern der *westlichen technischen Welt* der Verbrauch an Getreide, Kartoffeln und Trinkvollmilch sinkt. Der Verbrauch von Zucker, Fleisch, Käse, Kondensmilch, Eiern und Fetten nimmt zu.

Auf eine kurze Formel gebracht: Die Kost wird ärmer an Nahrungsmitteln mit hohem *Stärkegehalt* und reicher an *Proteinen, Fetten* und *Zucker.* Der Gehalt an *Ballaststoffen* hat als Folge des rückläufigen Verbrauchs von Getreideerzeugnissen und Kartoffeln abgenommen, der steigende Verbrauch an Obst und Gemüse diese Abnahme kompensiert. Der *Kalorien*gehalt der Gesamtkost scheint rückläufig zu sein.

Die *Ursachen der Verbrauchsverschiebung* liegen in den Lebensverhältnissen der modernen Industriegesellschaft. Das Leben in der

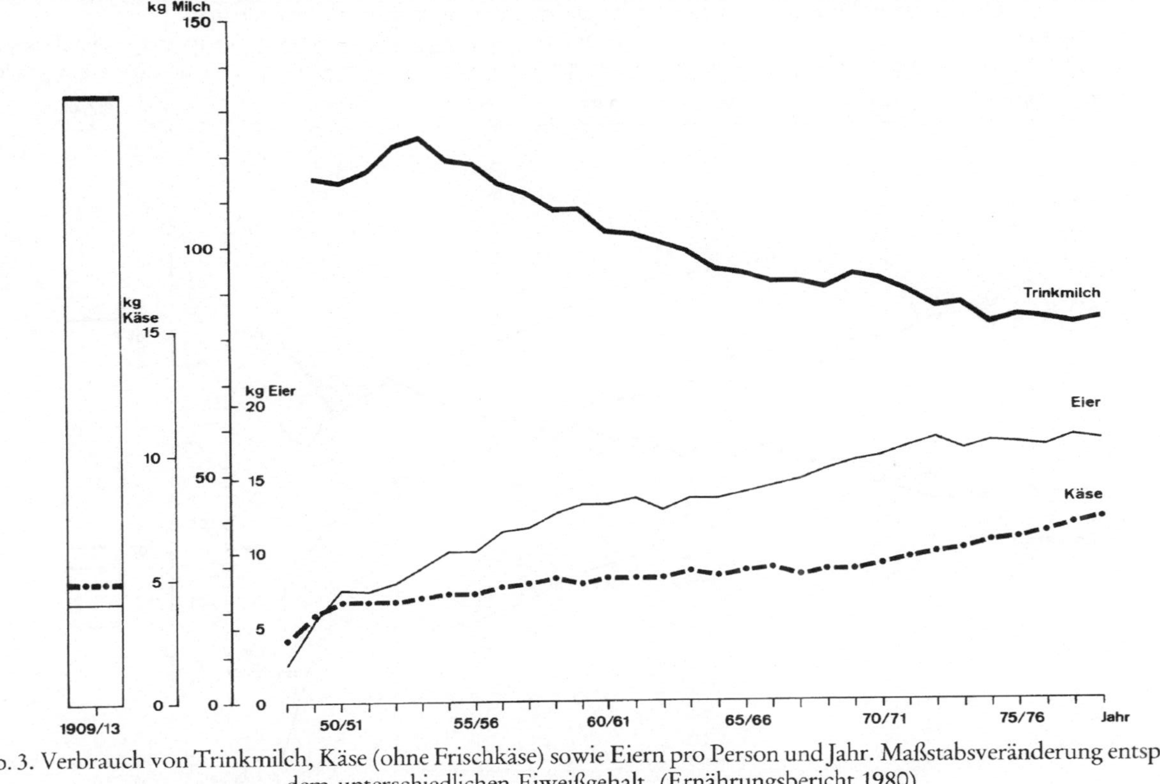

Abb. 3. Verbrauch von Trinkmilch, Käse (ohne Frischkäse) sowie Eiern pro Person und Jahr. Maßstabsveränderung entsprechend dem unterschiedlichen Eiweißgehalt. (Ernährungsbericht 1980)

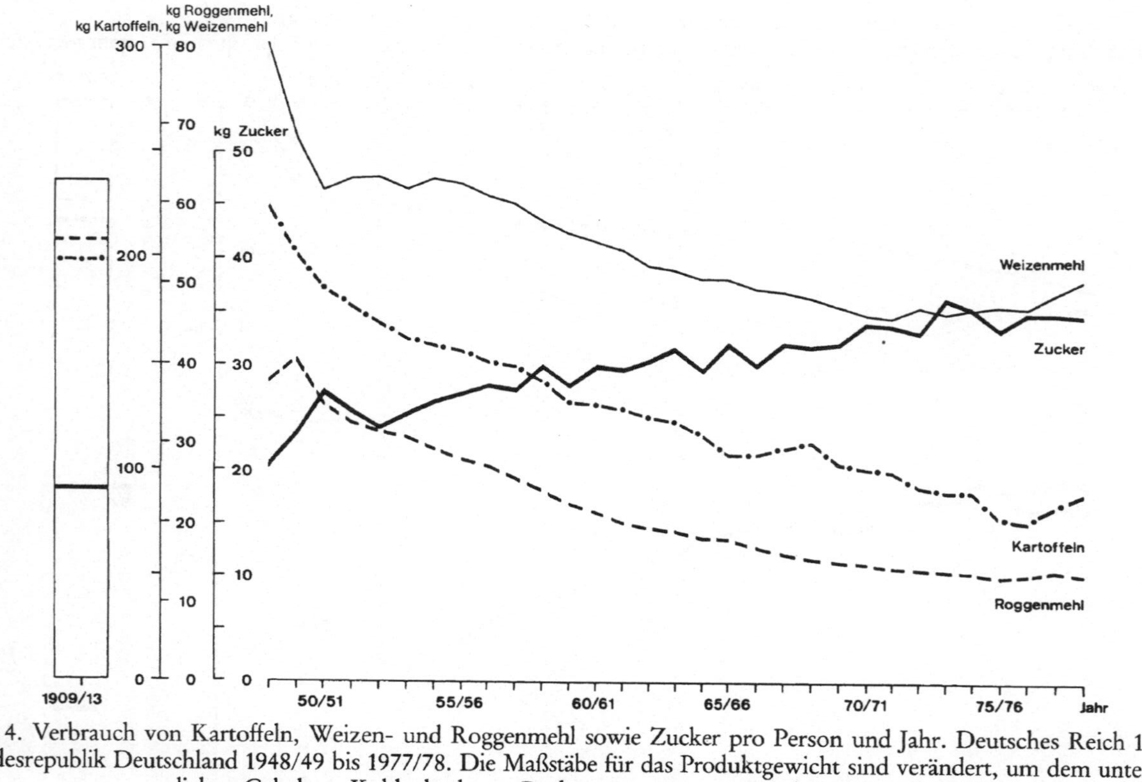

Abb. 4. Verbrauch von Kartoffeln, Weizen- und Roggenmehl sowie Zucker pro Person und Jahr. Deutsches Reich 1909–13, Bundesrepublik Deutschland 1948/49 bis 1977/78. Die Maßstäbe für das Produktgewicht sind verändert, um dem unterschiedlichen Gehalt an Kohlenhydraten Rechnung zu tragen. (Ernährungsbericht 1980)

technisierten und urbanisierten Welt kennzeichnet sich durch hohe Beanspruchung von Konzentrationsfähigkeit, Reaktionsgeschwindigkeit, Merkfähigkeit und Phantasie, durch hohe Bevölkerungsdichte und „Managerdasein". 1871 lebten $^2/_3$ aller Deutschen auf dem Dorfe, 1950 nicht einmal mehr $^1/_3$. In Industrie und Landwirtschaft wird die Muskelarbeit dem Menschen immer mehr von der Maschine abgenommen. Im Jahre 1880 waren 14% der Erwerbstätigen Schwerarbeiter und 21% Leichtarbeiter; heute sind noch 2% Schwerarbeiter, 60% aber sind Leichtarbeiter. Mit fortschreitender Technisierung wird die alltägliche muskuläre Beanspruchung noch geringer werden und das Schwergewicht der muskulären Aktivität sich noch stärker von der Berufsarbeit auf den Sport verlagern.

Mit dem *Wandel der Lebensformen* und dem Wandel der Ansprüche an die menschliche Leistungsfähigkeit haben sich Nahrungsbedürfnisse und *Nahrungsbedarf gewandelt.*

3.3 Verluste auf dem Wege vom Produzenten zum Konsumenten

Die Verluste auf dem Weg vom Nahrungsmittelproduzenten zum Nahrungsmittelkonsumenten schwanken naturgemäß in weiten Grenzen. Sie sind größenordnungsmäßig durch viele Erhebungen ermittelt worden. Die auf solche Weise errechneten Zahlenwerte des Nährstoffgehaltes der marktfähigen Nahrungsmittel bilden die Grundlagen der gebräuchlichen Nahrungsmitteltabellen (*Cremer* u. Mitarb., *Souci* u. Mitarb., *Wirths* und viele andere).

Die Ermittlung des Nährstoffverbrauches eines Kollektivs kann sich auf solche „gerundete Näherungswerte" der Nährstoffe stützen.

3.4 Nahrungsmittelbearbeitung und Nahrungsmittelverluste im Haushalt

Die Produktion pflanzlicher und tierischer Nahrungsmittel liegt außerhalb des hier gegebenen Rahmens. Der Verbraucher hat darauf auch wenig Einfluß. In der Hand hat er aber die Bearbeitung der angelieferten Nahrungsmittel von der marktgängigen Form bis zum tischfertigen Gericht. Auswahl und Handhabung der vielerlei Bearbeitungsverfahren können von entscheidender Bedeutung sein für die Nährstoffversorgung.

Die Verfahren der Nahrungsmittelbearbeitung sind in demselben geographischen Bereich nicht zu allen Zeiten unverändert geblieben. Sie verändern sich auch heute noch und sind in verschiedenen Ländern durchaus verschieden. Hier und jetzt geht es um die *Verfahren, die heute im westlichen Kulturbereich möglich und üblich* sind: Wasseranwendung – mechanische Verarbeitung – Wärme- und Kälteanwendungen – Trocknung – biologische Bearbeitung – Bestrahlung – Filterung – Verwendung von Zusatzstoffen.

3.4.1 Wasser

Bei der Nahrungsmittelbearbeitung im Haushalt dient Wasser als Reinigungsmittel, als Lösungsmittel für Kochsalz, Zucker und vielerlei andere wasserlösliche Nahrungsinhaltsstoffe, als Mittel zur Verdünnung flüssiger Nahrungsmittel und als Mittel zur Erhitzung in Gestalt von Kochen.

Unter *Kochen* versteht man die Erhitzung von Nahrungsmitteln in Wasser bei Siedetemperatur unter normalem oder erhöhtem Druck. Ein Ziehenlassen im Wasser bei Siedetemperatur ist das *Garen,* Überbrühen mit heißem Wasser oder Dampf das *Blanchieren.*

Der *Nährwertverlust* der Nahrungsmittel hängt von der Wassermenge und der Wasserlöslichkeit der speziellen Nährstoffe ab. Zu den wasserlöslichen Nährstoffen gehören vor allen Dingen Zucker, Kochsalz und eine Reihe von Vitaminen und geschmacksgebenden Stoffen.

3.4.2 Mechanische Bearbeitung

Die mechanische *Zerkleinerung* des tierischen und pflanzlichen Nahrungsobjektes ist die primitivste Form der Bearbeitung. Zerkleinert werden muß es, um Genießbares und Ungenießbares zu trennen und das Genießbare in eßbare Portionen zu teilen. Aus prähistorischen Funden wissen wir, daß die Knochen der Beutetiere aufgeschlagen wurden, um zu dem nahrhaften Knochenmark zu gelangen.

Wer hat als erster entdeckt, daß Fleisch besser genießbar wird wenn man es zuvor *klopft*? Die Hunnen sollen das Fleisch unter dem Sattel mürbe geritten haben.

Ein altes mechanisches Bearbeitungsverfahren ist das *Buttern*. Geändert hat sich im Laufe der Jahrtausende nur die spezielle Technik. Mit dem Ackerbau entstand das Verfahren, das nahrhafte Korn von seinen nichtnahrhaften Hüllen mechanisch abzutrennen, zu *dreschen*, und die Körner mechanisch zu zerkleinern: zu *mahlen*.

3.4.3 Wärmeanwendungen

Kein anderes Mittel ermöglicht so tiefgreifende Veränderungen von Struktur und Inhaltsstoffen eines Nahrungsmittels wie die Wärme in ihren verschiedenen Formen.

Die urtümlichste Form ist das *Rösten* im offenen Feuer. Neuere Verfahren sind *Kochen*, *Brühen*, *Backen*, *Braten*, *Rösten* (Grillen), *Sterilisieren* und *Pasteurisieren* (Erhitzen mit anschließendem Tiefkühlen).

Alle diese Verfahren sind im Laufe der Zeit immer mehr rationalisiert worden, um die Nährstoffe so gut als möglich zu erhalten und die Bildung unerwünschter Stoffe und Strukturen zu vermeiden. Biochemische, physiologische und klinische Untersuchungen haben ergeben, daß sachgerechtes Erhitzen *mehr Vorteile als Nachteile* bringt und daß Rohkost im ganzen nicht hochwertiger ist als wärmebehandelte Kost. Die Vorteile und Nachteile ergeben sich aus den Veränderungen von Menge und Verwertbarkeit der Nährstoffe. Von Temperatur, Erwärmungsdauer und Gegenwart anderer Stoffe hängt es ab, welche spezifischen Veränderungen die Nährstoffe erfahren.

Bei den *Proteinen* verliert das Molekül seine dreidimensionale Struktur, die Aminosäuren bleiben aber unverändert erhalten. Mit dieser „*Denaturierung*" verändern sich auch physikalische Eigenschaften der Proteine (Löslichkeit, Viskosität, optische Drehung). Manche Aminosäuren bilden mit reduzierendem Zucker Stoffe von brauner Farbe (Maillard Reaktion), die den Nährwert der Proteine beeinträchtigen.

Die Denaturierung des Milch- und Eiproteins (nicht des Fleischproteins!) erhöht seine Verdaulichkeit. Die Erhitzung inaktiviert enzymhemmende und andere unerwünschte Inhaltsstoffe (s. unter 4.1.2 und 4.1.4). Der *biologische Wert der Proteine* wird durch die küchenüblichen Erhitzungsverfahren und Pasteurisieren nicht gemindert. Erst bei langdauernder Erhitzung (beim Sterilisieren, beim Walzentrocknen) können die Milchproteine an Wert verlieren. Im Tierversuch sinkt der Ansatzwert von Trockenmilchprotein mit steigender Trocknungstemperatur und Trocknungsdauer. Bei Sprühtrocknung sind die Verluste geringer als bei Walzentrocknung. Fettfreie Instant-Trockenmilch entspricht im Wachstumswert und Aminosäurengehalt einer pasteurisierten Trockenmilch.

Der Proteinwert von Reis und Mais bleibt bei haushaltüblichem Kochen erhalten. Nur bei intensiver Hitzeeinwirkung – Brotbacken, Rösten von Fleisch und Erdnüssen – wird ein Teil der Aminosäuren (Lysin, Threonin und Methionin) zerstört.

Die Art und Intensität der *Oxydation der Fette* unter Hitzeeinfluß hängt ab vom speziellen Fettsäuremuster, von Dauer und Temperatur der Erhitzung, von der Belüftung, vom Verhältnis der Oberfläche zum Volumen und von der Gegenwart oxydationsfördernder oder oxydationshemmender Stoffe.

Bei relativ niederen Temperaturen entstehen vor allen Dingen Hydroperoxide, die Vitamine, Aminosäuren und andere oxydationsempfindliche Stoffe zerstören können. Erst bei Temperaturen, die bei den haushaltüblichen Verfahren nicht erreicht werden, kommt es zu tiefgreifenden *Veränderungen der Fettsäuren* und zur Bildung von *Abbauprodukten*, denen kanzerogene Fähigkeiten zugeschrieben worden sind. Es ist deshalb wichtig, Bratfette häufig zu wechseln. Aus *polymerisierten* (kettenbildenden) *Fettsäuren* bestehende Öle, die bei 250° C und mehr sich bilden können, sind physiologisch minderwertig, schlecht resorbierbar und vielfach sogar toxisch. Überhitzte Fette wirken um so toxischer, je stärker sie abgebaut sind.

Im ganzen genommen widerstehen die Nahrungsfette den gebräuchlichen Erhitzungsverfahren, ohne nennenswerte unerwünschte Veränderungen zu erleiden. Küchenübliches Braten dauert nur Minuten. Dabei verdampft Wasser und bewirkt dadurch eine Senkung der Temperatur. Man kann Fett solange und so intensiv mißhandeln, bis es toxisch wirksam wird. Es ist aber immer wieder nachgewiesen worden, daß Fette, die unter Alltagsbedingungen in Gaststätten, Bäckereien und im Haushalt verwendet werden, nicht in der Weise Schaden anrichten, wie sie das nach Erhitzung unter extremen Laboratoriumsverhältnissen tun können.

Verschiedene *Zuckerarten* bilden, wenn sie in Wasser gelöst auf 100 bis 150° C erhitzt werden, vielerlei Abbau- und Umbausubstanzen. Die wichtigste ist das 5-Hydroxymethylfurfurol. Hitzesterilisierte Fruchtsäfte enthalten 30–40 mg/100 g. Beim Erhitzen geht die Substanz weitere Reaktionen ein, bei denen braune Stoffe entstehen können *(Karamelisierung)*. Einer der karamelartig schmeckenden Stoffe ist Maltol. In großen Mengen kommt es in geröstetem Kaffee, in kleinen Mengen in eingedickter Milch vor.

Stärkehaltige Nahrungsmittel schmecken gekocht besser als roh und sind besser verdaulich. Der Grund liegt darin, daß rohe Stärkekörner von den stärkespaltenden Verdauungsenzymen (Amylasen) nur schwer angegriffen werden können. Wenn die Stärke roher Getreidekörner im Gegensatz zur Stärke von Kartoffeln und anderen Knollenpflanzen im menschlichen Organismus gut ausgenutzt wird, dann beruht das auf der unterschiedlichen Struktur der äußeren Stärkekörnerschichten. Beim Kochen quellen und platzen die Stärkekörner. Dabei ist Weizenstärke widerstandsfähiger als Kartoffelstärke. Bei Temperaturen über 200° C entstehen Spaltprodukte der Stärke (Dextrine u. a.).

Die Hitzeempfindlichkeit der *Vitamine* – es gibt hitzeempfindliche und hitzeunempfindliche Vitamine (Tabellen 6, 7, 8, 9, 10) – kann durch vielerlei Nahrungsinhaltsstoffe vermindert oder vergrößert werden. Zu diesem Thema gibt es eine kaum übersehbare Fülle von Untersuchungen. Im gegebenen Rahmen müssen allgemeine Hinweise auf die Beständigkeit der Vitamine genügen.

Sinngemäß dasselbe gilt für die *elementaren Nährstoffe.*

Tabelle 6. Beständigkeit und Unbeständigkeit von Vitaminen. (Aus *Harris, R. S.:* In: *R. S. Harris* and *H. von Loesecke:* Nutritional Evaluating of Food Processing, S. 2. New York-London: Wiley 1960)

Vitamine	Sauer-stoff	Licht	Wär-me	Kochverlust	Milieu		
					sauer	neu-tral	ba-sisch
A	u	u	b	10– 30%	–	b	–
D_3	u	u	u	Gering	–	b	u
E	u	u	b	50%	b	b	b
K	b	u	b	–	b	b	u
B_1	u	b	u	25– 40%	b	u	u
B_2	b	u	b	0– 50%	b	b	u
Niacin	b	b	b	0– 70%	b	b	b
Pantothensäure	b	b	u	0– 45%	u	b	u
Pyridoxin	b	u	b	–	b	b	b
Folsäure	u	u	b	0–100%	u	u	b
B_{12}	u	u	b	–	b	b	b
C	u	u	u	20– 80%	b	u	u

u = unbeständig; b = beständig

Nach ihrer Bestimmung und nach den Veränderungen, die die Nährstoffe erfahren, unterscheidet sich die *Hitzekonservierung* (Hitzesterilisierung) von den übrigen Wärmeanwendungen.

Die *Hitzesterilisierung*, vor rd. 180 Jahren von *Appert* erfunden, ist auch heute noch eines der wichtigsten Konservierungsverfahren. Bei der Hitzekonservierung werden sowohl Keime vernichtet, die das Nahrungsmittel zersetzen, „verderben", wie auch krankheitserregende Keime, die in der Regel das Nahrungsmittel selbst nicht angreifen.

Die hitzesterilisierte Konserve gilt als einwandfrei im lebensmittelrechtlichen Sinne, wenn die noch lebensfähigen *Mikroorganismen* nicht mehr krankmachend wirken und sich nicht mehr vermehren können. Nahrungsmittelverderber in diesem Sinne sind Bakterien, Schimmelpilze und Viren.

Tabelle 7. Verlust an Gesamt-Vitamin C in geschälten Kartoffeln, Kopfsalat und Kohlrabi während des Wässerns (Lagertemperatur 12–15° C). (Ernährungsbericht 1972)

Lagerzeit (Stunden)	Verlust an Gesamt-Vitamin C			
	Geschälte Kartoffeln[a]		Kopfsalat[b] zerteilt (%)	Kohlrabi geschnitten (%)
	ganz (%)	geviertelt (%)		
1	4,0	6,2	6,8	17
2	–	–	–	–
3	–	–	12,2	–
5	7,8	11,7	33,4	–
12	8,4	13,8	–	28
24	9,2	15,6	–	–

[a] Mittelwerte der Sorten Bona, Planet und Hansa
[b] Sorte Attraktion-Freiland

Tabelle 8. Erhaltung von Vitaminen beim Dämpfen und Kochen von Kohl (in Prozent des Frischgehaltes). (Aus *Crosby, M. W., Fickle, B. E., Andreassen, E. G., Fenton, F., Harris, K. W., Bourgoin, A. M.:* Vitamins retention and palatibility of certain fresh and frozen vegetables in large scale food services. Cornell Univ. Agric. Exp. Stat. Bull. 891. Ithaca, N.Y., 1953)

		Vitamin C	Vitamin B_1	Vitamin B_2
Gedämpft		84	85	82
Dampfbeheizter Kessel	Gekocht	57	63	70
Topf auf dem Herd	Gekocht	50	50	59

Die Abtötung der Mikroorganismen beginnt erst oberhalb von 60° C. Krankmachende Viren werden oft schon bei Temperaturen zwischen 70 und 85° C vernichtet, zuverlässig beim Kochen. Gegen krankmachende Pilze genügt es meist, 10 Min. lang auf 60° C zu erhitzen. Durch nur kurzes Kochen kann das Gift des gefürchteten Bazillus botulinus, des Erregers der Fleischvergiftung, inaktiviert

Tabelle 9. Gesamt-Vitamin-C-Verlust in Gemüse und Kartoffeln nach der Zubereitung. (Aus *Stübler, E., Zacharias, R., Thumm, G.:* Kochen unter Druck. Hiltrup b. Münster 1955)

Gemüse	Ausgangswert (mg/100 g)	Gesamt-Vitamin-C-Verlust[a]		
		Kochen (%)	Dämpfen (%)	Dünsten (%)
Blumenkohl	71,6	24,6	18,2	–
Buschbohnen	28,0	44,2	29,5	36,1
Stangenbohnen	27,4	37,2	41,7	33,7
Gemüseerbsen	31,8	41,2	–	25,4
Spinat	54,6	–	50,0	28,5
Kartoffeln, geschält	12,0	32,2	32,9	–
Kartoffeln mit Schale	12,0	15,3	16,6	–

[a] Werte bezogen auf Verlust im Kochgut

Tabelle 10. Vitamin-C-Verluste (%) im Drucktopf. (Aus *Stübler, E., Zacharias, R., Thumm, G.:* Kochen unter Druck. Hiltrup b. Münster 1955)

Zubereitungsart	Buschbohnen		Kohlrabi		Kartoffeln	
	ohne Kochwasser	mit Kochwasser	ohne Kochwasser	mit Kochwasser	ohne Kochwasser	mit Kochwasser
Gekocht	47	26	45	9	32	20
Gedämpft	29	15	36	15	15	11
0,2 atü	20	9	31	13	29	22
1,2 atü gedämpft	44	36	39	9	39	34
1,8 atü	45	38	38	11	41	39

werden. In Gegenwart größerer Mengen von Proteinen, Fetten und hochmolekularen Kohlenhydraten werden manche Bakterien erst bei höheren Temperaturen abgetötet.

Trockene Hitze ist weniger wirksam als heißes Wasser. So werden die Sporen einer bestimmten Bakterienart im gespannten Dampf bei 120° C in 5 Min., in Heißluft bei gleicher Temperatur aber erst in 50 Min. vernichtet. Die Schwierigkeit einer gleichmäßigen Erhitzung des Nahrungsmittels lassen sich durch Diathermie und andere technische Verfahren einigermaßen überwinden.

Für die *Haltbarkeit* hitzekonservierter Nahrungsmittel ist entscheidend, daß sie nach dem Erhitzen so schnell wie möglich in Dosen oder Gläser abgefüllt und bei tiefen Temperaturen gelagert werden.

Die optimalen Lagerungstemperaturen sind, wie die optimalen Erhitzungstemperaturen und die optimale Erhitzungsdauer, von der *Art des Nahrungsmittels* abhängig. Fleischkonserven erfordern *Sterilisationstemperaturen* zwischen 115 und 121° C bei 1 Atü und Sterilisationszeiten zwischen 30 und 60 Min. Für Gemüse, z. B. für Bohnen in Wasser oder Salzwasser, beträgt die Sterilisationszeit 15 Min., die Sterilisationstemperatur 115–118° C. Viele Nahrungsmittel, vor allen Dingen solche, die beim Kochen leicht zerfallen, werden unter schonenderen Bedingungen konserviert und nicht sterilisiert. Sie sind daher nur beschränkt haltbar und als *Halbkonserven* (Präserven) hauptsächlich in der Fischindustrie von Bedeutung. Die Keime werden außerdem durch konservierende Zusätze für einige Zeit in ihrer Lebenstätigkeit gehemmt. Zu den Präserven gehören saure Zubereitungen von Fischen und Krustentieren in Mayonnaise, Remoulade, Senf und Gelee.

Eine kombinierte Form von Hitze- und Trocknungskonservierung ist das *Räuchern des Fleisches.* Es ist ein ebenso altehrwürdiges wie modernes Verfahren. Die gesundheitliche Gefährdung durch Räucherwaren wird häufig überschätzt.

Milch ist dasjenige hitzekonservierte Nahrungsmittel, das nach der Höhe des Verbrauches an erster Stelle steht. Bei der Hitzekonservierung der Milch ist die Denaturierung der Proteine umso geringer, je kürzer die Erhitzung dauert. Auf dieser Erkenntnis beruhen die verschiedenen Formen der *Pasteurisierung*, d. h. der Erhitzung mit anschließender Abkühlung: „Kurzzeiterhitzung" (71–74° C für 30–40 Sek.), „Hocherhitzung" (85° C für 10 Sek. und Abkühlung auf 5° C), „Ultrahocherhitzung" (135°–150° C für wenige Sekunden, danach schlagartige Abkühlung). Ultrahocherhitzung durch Dampfeinleitung wird als *Uperisation* bezeichnet. Ultrahocherhitzte Milch ist frei von lebenden Mikroorganismen. Der Nährwert der Proteine soll bei Ultrahocherhitzung um ungefähr 3% abnehmen, der Verlust an Riboflavin bei 6–7%, der Verlust an Vitamin A, Thiamin, Pyridoxin und Cobalamin bei 10–17% liegen.

Sterilmilch hält sich noch besser als pasteurisierte Milch. Die Hitzesterilisierung zerstört jedoch 20–30% des Thiamins und fast alles Cobalamin.

Die *Riboflavin-Verluste* bei den verschiedenen Verfahren der Milchkonservierung scheinen in der Hauptsache nicht durch die Erhitzung bedingt zu sein, sondern durch das *Licht*, das während der Behandlung auf die Milch einwirkt. Diese Lichtempfindlichkeit des Riboflavins ist ein schwieriges Problem für alle milchverarbeitenden Betriebe, weil Milch eine der Haupt-Riboflavin-Quellen unserer Nahrung ist. Lichtempfindlich ist auch die Pantothensäure.

Das Ausmaß der Vitaminverluste hängt im übrigen von Temperaturhöhe und Erhitzungsdauer ab. Die Ascorbinsäureverluste fallen wenig ins Gewicht, weil die Milch nur 1,5 mg/100 ml enthält.

3.4.4 Kälteanwendungen

Die Kälte ist ein altes und modernes Konservierungsmittel (Tabellen 11–13). Das wirksame Prinzip ist die *Hemmung der Enzymaktivitäten* der Mikroorganismen und nahrungseigenen Enzyme. Nicht alle Mikroorganismen sterben jedoch ab. Lagerung in einer Atmosphäre von Kohlendioxid, Methan oder Stickstoff und Entkeimung der Lagerluft durch Ultraviolettstrahlen erhöhen die Haltbarkeit.

Die am wenigsten eingreifende und auch am wenigsten wirkungsvolle Form der Kältekonservierung ist die seit Jahrtausenden bekannte *Kühl-Lagerung* bei +5 bis −3° C. Dabei halten sich Kartoffeln und Äpfel 4 Monate lang, Kirschen, Pfirsiche und Tomaten bis zu 4 Wochen.

Zwecks *Gefrierkonservierung* werden die Rohnahrungsmittel bei −25 bis −30° C, eß- und küchenfertige und verpackte Nahrungsmittel bei −40 bis −50° C schlagartig eingefroren. Schnelles Einfrieren vermeidet Gewebezerstörungen durch größere Eiskristalle. Auf diese Weise können Gemüse und Obst, Kartoffeln, Fische und Geflügel, Teile von Rind und Schwein, Milch und Quark sowie Teige über viele Monate konserviert werden. Während der Lage-

Tabelle 11. Vitaminerhaltung bei Lagerung von Konserven (in Prozent der Werte unmittelbar nach dem Eindosen). (Aus *Nehring, P.:* Gemüse- und Obstkonserven in der menschlichen Ernährung. Braunschweig 1954)

Produkt	Vitamin	Erhaltung in %					
		12 Monate			24 Monate		
		10° C	18° C	27° C	10° C	18° C	27° C
Bohnen	B_1	92	86	78	82	80	67
	C	92	90	85	88	81	74
Erbsen	B_1	93	88	73	91	85	72
	C	94	92	88	92	89	81
Spinat	B_1	96	89	76	90	82	71
	C	93	91	86	90	88	81
Tomaten	B_1	94	93	82	91	87	70
	C	95	94	82	89	87	70
Pfirsich	B_1	92	90	81	88	100	86
	C	98	85	72	98	80	53
Orangensaft	C	97	92	77	95	80	50
Grapefruitsaft	C	95	91	75	94	82	57

rung dürfen Temperaturen von −18° C nicht überschritten werden. Selbst kurzfristiges Auftauen kann die Konservierung zunichte machen. Die Ascorbinsäure bleibt, wie alle anderen Nährstoffe, bei mehrmonatiger Lagerung praktisch erhalten. Fettsäureoxydationen können Geschmackseinbußen zur Folge haben. Sie lassen sich durch Zusätze von Antioxydantien verhüten. Aus Eiern muß man vor dem Einfrieren den Zucker entfernen, um ein einwandfreies Erzeugnis zu bekommen. Der Anteil des verwertbaren Eisens am Gesamteisen soll in gefrorenem Spinat von 24 auf 63, in gefrorenen Schnittbohnen von 36 auf 61 ansteigen.

Für den Einzelhaushalt wie für die Großküche hat die Tiefkühlkost in den vergangenen Jahren an Bedeutung gewonnen (Abb. 5).

Gute Konservierungsergebnisse erzielt auch die *Gefriertrocknung* (Lyophilizing). Das Verfahren beruht darauf, daß mehr als 80% des in dem Nahrungsmittel enthaltenen Wassers zunächst ausgefroren und dann im Vakuum bei niedriger Temperatur entfernt werden. Die Einfriermethoden sind die gleichen wie bei der

Tabelle 12. Haltbarkeit gefrorener tierischer Lebensmittel. (Aus *Schormüller, J.:* Lehrbuch der Lebensmittelchemie. Berlin-Göttingen-Heidelberg: Springer-Verlag 1961)

Lebensmittel	Lagertemperatur und Haltbarkeit in Monaten		
	–12° C/ Monate	–18° C/ Monate	–28° C/ Monate
Brathuhn	4	8–10	12–15
Rinderbraten	6–8	16–18	18–24
Lammfleisch	5–7	14–16	16–18
Fettfische	6	6– 8	10–12
Magerfische	6	10–12	14–16

Tabelle 13. Haltbarkeit pflanzlicher Lebensmittel. (Aus *Schormüller, J.:* Lehrbuch der Lebensmittelchemie. Berlin-Göttingen-Heidelberg: Springer-Verlag 1961)

Lebensmittel	Temperatur (° C)	Relative Luftfeuchtigkeit (%)	Lagerdauer
Äpfel	–0,5 bis +4	85–90	4– 8 Monate
Kirschen	–1 bis +1	80–85	10–30 Tage
Pfirsiche	–1 bis +1	85–90	15–30 Tage
Bohnen	+4 bis +7	85–90	8–12 Tage
Kartoffeln	+3,5 bis +4,5	90	5– 8 Monate
Tomaten	+2 bis +5	90	10–30 Tage

einfachen Gefrierkonservierung: Einfrieren auf gekühlten Flächen, in strömender Kaltluft, durch Besprühen mit flüssigem Stickstoff. Die Wahl der speziellen Methode wird durch die Art und Größe des Nahrungsmittels bestimmt. Die Lagerfähigkeit der auf rund 2% Restfeuchte getrockneten und sachgerecht verpackten Produkte hängt vom Sauerstoffgehalt in der Verpackung ab. Bei geringem Sauerstoffdruck lassen sich Lagerzeiten von 2 Jahren erreichen.

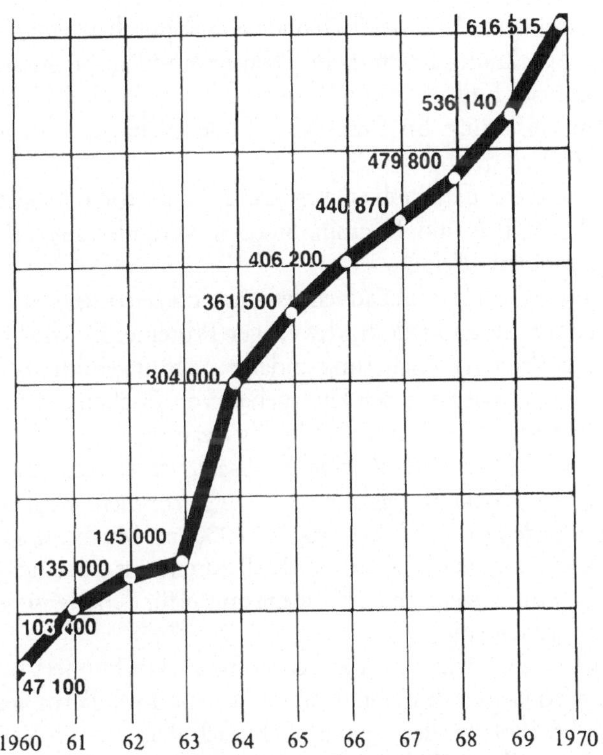

Abb. 5. Verbrauch an Tiefkühlkost im Bundesgebiet und Westberlin (einschließlich Großverbraucher; in t)

3.4.5 Trocknung

Im wasserarmen Milieu verlieren die nahrungseigenen und mikrobiellen Enzyme an Aktivität. Das Nahrungsmittel gewinnt dadurch an Haltbarkeit. Auf zweierlei Weise läßt sich die Entwässerung bewerkstelligen: durch *Verdampfen des Wassers* und durch *Bindung des Wassers* an andere Stoffe.

Das Verdampfen des Wassers, das *Trocknen*, gehört zu den ältesten Konservierungsverfahren. *Trockenfleisch* sind der Pemmikan der nordamerikanischen Indianer, das Carne secca der Südamerikaner, das Bündener Fleisch in der Schweiz, der „Landjäger" in

Süddeutschland, der Stockfisch und der Klippfisch in Skandinavien. Bei der Trocknung gehen mehr Thiamin und Pantothensäure verloren als beim Einfrieren und Pökeln und etwa gleichviel wie bei der Dosensterilisierung. Im Tierversuch ist der Nährwert von getrocknetem Fleisch geringer.

Getrocknetes Ei (Eipulver) verliert im Laufe von 6 Monaten nur wenig Vitamin A und Thiamin. Stärkere Veränderungen scheinen die Proteine zu erleiden.

Fischmehl, ein Produkt aus entfetteten und getrockneten Fischen, repräsentiert eine Quelle hochwertiger Proteine. Es wird deshalb gerne zur Proteinanreicherung anderer Nahrungsmittel benutzt.

Die Frage, wie weit der Fluorgehalt von Fischen praktisch ins Gewicht fällt, ist noch nicht endgültig beantwortet.

Der antarktische *Krill,* eine Krebsart, ist extrem fluorreich: 1523 mg/kg Trockengewicht sind in tiefgefrorenem Krill nachgewiesen worden (in der Schale 9000–14 000, im Muskelfleisch 180–360 mg/kg). Demnach bedarf der Krill zumindest erst einer gezielten Bearbeitung, wenn er als Nahrungsmittel für den Menschen verwendet werden soll.

Trockenmilch war in Asien schon im 13. Jahrhundert bekannt. Heute wird sie durch Zerstäuben im Warme-Luft-Turm bei 50° C hergestellt. (Sprühmilch, selten noch nach dem älteren Verfahren auf heißen Walzen: Walzenmilch.) Trockenbuttermilch und milchsaure Trockenmilch sind bewährte Kindernährmittel. Wenn die Trockenmilch keine fettlöslichen Vitamine enthält, dann ist das keine Folge der Trocknungen sondern der Entrahmung. Die Thiamin-Verluste von Sprühmilch liegen bei 10–35%, die Ascorbinsäure-Verluste bei 20%. Bei Walzentrocknung sind die Verluste höher (30–50% Thiamin). Die Milchproteine leiden erst bei Temperaturen über 85° C (s. S. 53). Es kommt dann zu Bräunung, Hemmung der Lysinverwertung, Lysinmangel und Lebernekrosen infolge von Selen-Verlusten.

Getrocknete Früchte – Äpfel, Aprikosen, Bananen, Birnen, Datteln, Feigen, Pflaumen, Trauben – gibt es seit Jahrhunderten. Unvollkommene Trocknungsmethoden und minderwertige Erzeugnisse haben das Trockenobst in schlechten Ruf gebracht. Aus vergangenen Zeiten stammt die Bezeichnung „Stacheldraht" für Trockengemüse. Trockensuppen, Tomatenpulver, Kartoffelkörner lösen sich schnell im Wasser und gewinnen dann ihr ursprüngliches Aussehen.

Die *Nährwertverluste* schwanken mit der Gemüse- und Obstart und dem speziellen Trocknungsverfahren. Karotin übersteht das Verfahren im ganzen gut. Keine Verluste an B-Vitaminen erleiden Karotten und Tomaten. In anderen Trockengemüsen liegen die Thiamin-Verluste zwischen 10 und 40%, bei Spinat zwischen 60 und 70%. Im Obst entstehen Thiaminverluste, wenn es vor dem Trocknen geschwefelt wird. Die schweflige Säure verhindert aber enzymatische und nichtenzymatische Bräunungsreaktionen, wirkt stabilisierend auf die Ascorbinsäure und hemmt den Mikrobenbefall bei der Lagerung. Die Ascorbinsäureverluste durch Trocknung betragen bei Spargel rd. 10%, bei Erbsen rd. 30% und bei grünen Bohnen rd. 50%.

Im ganzen sind die Verluste bei technischer Trocknung im Großen geringer als bei haushaltsüblicher Trocknung. Viel Ascorbinsäure verlieren alle Früchte beim Trocknen an der Sonne. Bei Vakuumtrocknung hingegen sind die Ascorbinsäureverluste besonders gering.

Unerwünschten Enzymen kann man „das Wasser abgraben“, indem man es *verdampft*. Man kann ihnen das Wasser aber auch abgraben, indem man es *an andere Stoffe bindet*. Auf diesem Prinzip beruht die *Konservierung* von Obst mit 40–50%iger *Zuckerlösung* (Marmelade, kandierte Früchte) und die *Konservierung mit Kochsalz* in Form des Einsalzens (Bohnen, Gurken, Kohl, Tomaten, Melonen und Oliven).

Schon in 8%iger Lösung hemmt Kochsalz das Wachstum vieler Organismen. Das Einsalzen von Gemüsen ist aber im allgemeinen durch die modernen wirkungsvolleren und schonenderen Konservierungsverfahren verdrängt worden. Praktisch eine Rolle spielt das Einsalzen nur noch in der jahrhundertealten Form des *Pökelns*. Dabei wird dem rohen Fleisch außer Kochsalz noch Salpeter und etwas Zucker zugesetzt. Als Pökelsalz dient auch Kochsalz mit 0,5–0,6% Natrium-Nitrit (Nitrit-Pökelsalz). Das Fleisch bekommt dadurch eine kochfeste, frischrote Farbe. Bei der Trockenpökelung wird das Fleisch nicht in die Pökellage eingelegt, sondern schichtweise mit Salz bestreut, bei Schnellpökelung die Lake in das Fleisch eingespritzt. Die Nährstoffverluste beim Pökeln sind gering. Proteingehalt, biologischer Wert und Verdaulichkeit der Proteine verändern sich kaum. Am größten sind die Thiaminverluste: in naß gesalzenen Stücken waren nur noch 74% des ursprünglichen Thiamingehaltes nachweisbar.

3.4.6 Biologische Bearbeitungsverfahren

Biologische Bearbeitung bedeutet im gegebenen Rahmen *Bearbeitung mit Hilfe von Mikroorganismen.*

Ein biologisches Verfahren ist *Brotbacken,* die älteste Form der Teiglockerung, die Sauerteiggärung. Dabei sind es zunächst Mikroorganismen der Coli-Aerogenes-Gruppe, dann Hefen, Milchsäure- und Essigsäurebildner, die durch die Entwicklung von Gasen (Kohlensäure, Stickstoff, Wasserstoff, Methan) und Säuren (Milchsäure, Essigsäure) den Teig lockern. Heute arbeitet man zumeist mit planmäßig gezüchteten Hefe- oder Säurebakterien-Kulturen. Backpulver bewirkt eine Teiglockerung durch Freisetzung von Kohlensäure und Natrium-Bicarbonat. Der Kleber des Weizenkornes (und in geringerem Maße der Kleber des Roggenkornes) läßt die Kohlensäure nicht entweichen und schafft damit die Möglichkeit einer Lockerung: Der Klebergehalt bestimmt die Backfähigkeit. Aus kleberfreien Getreidesorten – Hafer, Reis, Mais – kann man kein Brot backen. Durch Backhilfsmittel (Persulfate, Perborate, Bromate, organische Säuren) läßt sich die Teigführung steuern. Die Thiaminverluste hängen von der Dauer und Temperatur des Backvorganges ab. Sie liegen in der Regel bei 10%.

Unmittelbar, d.h. nicht gelockert verbackene Teige ergeben Fladengebäck.

Gesteuerte bakterielle Zersetzung des Milcheiweißes ist das Prinzip der *Käsereifung.* In der Labkäserei wird das Ausgangsprodukt, die „Käsemilch“, mit Bakterienkulturen und dem Enzym Lab versetzt. Bei der Trennung von „Bruch“ und Molke bleiben Milchzucker, Lactalbumin und die meisten anorganischen Inhaltsstoffe der Milch in der Molke. Der Bruch besteht im wesentlichen aus Parakasein. Äußere Beschaffenheit und Nährstoffgehalt hängen von der Art der zugesetzten Bakterien und der Führung des Reifungsprozesses ab. Im gereiften Käse ist das Milchkasein durch Bakterien, Hefen und Schimmelpilze abgebaut.

Die Sauermilch verdankt ihre Existenz den Milchsäure-bildenden Bakterien, die überall vorkommen und in der Milch einen ergiebigen Nährboden finden.

Durch Beimpfung von Voll- oder Magermilch mit Thermobakterium Joghurt, Thermobakterium Bulgaricum oder Streptokokkus lactis entsteht *Yoghurt*. Die Vorzüge vor der gewöhnlichen Sauermilch, die ihr zugeschrieben werden, haben kritischen Prüfungen nicht standgehalten.

Auch die Milchsäure im *Sauerkraut* ist das Produkt Milchsäurebildender Bakterien, die in dem Kohl gut gedeihen und das Überwuchern anderer Bakterien verhindern.

Bakteriell bewirkte Stoffumsetzungen sind an den *Reifungsvorgängen im lagernden Fleisch* beteiligt.

In Ostasien, wo die *Sojabohne* mit 17–18% Fett und 30–50% hochwertiger Proteine eine der wichtigsten Fett- und Proteinquellen darstellt, sind im Laufe der Zeit viele biologische Zubereitungsformen entstanden, die auf Verbesserung der Ausnutzung durch Inaktivierung eines Enzymhemmers zielen.

Zu den biologischen Bearbeitungsverfahren gehört schließlich die Herstellung von schwarzem *Tee* aus dem grünen Teeblatt.

3.4.7 Bestrahlung

Ein Konservierungsverfahren neueren Datums ist die Behandlung mit ionisierenden Strahlen, praktisch: die Bestrahlung mit *Elektronen- oder Gammastrahlen*. Durch die Strahlen werden Bakterien, Pilze und Hefen getötet. Gehemmt werden Bakterienwachstum, das Auskeimen von Kartoffeln und Zwiebeln sowie Reifung und Verderb von Nahrungsmitteln. Für den Verdacht, es könnten durch die Bestrahlung in den Nahrungsmitteln kanzerogene Stoffe gebildet werden, geben die bisher vorliegenden Untersuchungen keinen Anhalt. Auch andersartige Schädigungen sind bei sachgerechter Dosierung der Strahlen nicht beobachtet worden. Die Experten der FAO und WHO meinen, ein Verbot der Lebensmittelbestrahlung mit Dosen unter 1 Mega-rad (= der zehnmillionenfachen Strahlenmenge, der ein Mensch heute im Laufe seines Lebens ausgesetzt ist) sei unbegründet.

Bei der Strahlenkonservierung bleiben *Proteine* und *Vitamine* in etwa gleichem Umfange erhalten wie bei sachgerechter Hitzekonservierung. Verschiedenartige Veränderungen können anscheinend die *Fette* erleiden. Sie können sich geschmacklich störend bemerkbar machen. Möglicherweise lassen sich antibakteriell wirksame chemische Konservierungsmittel durch Bestrahlung ersetzen.

3.4.8 *Filterung*

Mikroorganismen, die die Haltbarkeit gefährden, können durch Hitze-, Kälte- und Wasserentzug in ihrer Aktivität gehemmt werden. Man kann sie, wenigstens aus *Säften,* aber auch mechanisch durch Filterung entfernen. Zu diesem Zweck werden die Säfte – vor allen Dingen Apfel- und Beerensäfte – zunächst geklärt, vorgefiltert und dann durch Filter gegeben, die alle Mikroorganismen zurückhalten.

Die Vorzüge des Verfahrens liegen darin, daß die Duftstoffe sehr viel besser erhalten bleiben als bei anderen Konservierungsverfahren.

3.4.9 *Zusatzstoffe*

Zusatzstoffe wie Konservierungsmittel, Antioxydantien und Antibiotika zielen auf *Erhaltung* der ursprünglichen Beschaffenheit eines Nahrungsmittels. Andere Zusatzstoffe: Farbstoffe, Bleichmittel, Emulgatoren, Backhilfsmittel, Quellmittel und Süßstoffe dienen dazu, die Nahrungsmittel in bestimmter Weise zu *verändern.* Praktisch am wichtigsten – und am umstrittensten – sind die Konservierungsmittel, die Süßstoffe und die Farbstoffe. Sie sollen als Beispiele herausgegriffen werden, weil eine Schilderung aller gebräuchlichen Zusatzstoffe den gegebenen Rahmen sprengen würde.

Konservierungsmittel

Fleisch, Fisch, Wurst und Milch sind nur begrenzt haltbar. Obst schimmelt und fault. Fett wird ranzig. Mehl wird muffig. Verdorbene Nahrungsmittel sind aber nicht nur unappetitlich und widerlich, sondern oft auch gesundheitsschädlich.

Nach der Entdeckung, daß es viele *Stoffe* gibt, *die das Verderben verhindern* können, war man zunächst sehr freigiebig. Als sich dann herausstellte, daß man auf diese Weise auch Schaden anrichten kann, wurde beim Internationalen Hygiene-Kongreß in Paris im Jahre 1900 verlangt, jede Verwendung chemischer Stoffe zur Konservierung von Nahrungsmitteln zu unterlassen. Jahrzehntelange chemische, biochemische und pharmakologische Untersuchungen haben inzwischen erwiesen, daß es Konservierungsmittel gibt, die in antimikrobiell und antienzymatisch wirksamen Mengen keine unerwünschten oder gar schädlichen Wirkungen auf den Menschen ausüben.

Unter diesen Gesichtspunkten sind in der BRD nach dem Stand von 1973 *14 Konservierungsmittel zugelassen* worden. Dazu gehören Sorbinsäure, Benzoesäure, Essigsäure, Milchsäure und Diphenyl. Die speziellen Wirkungsweisen der Konservierungsstoffe sind noch weitgehend unbekannt. Die duldbaren Höchstmengen wurden in gleicher Weise ermittelt wie die Höchstmengen der Pestizide. Am größten ist die duldbare Tageshöchstmenge (Acceptable daily intake = ADI) von Sorbinsäure, am geringsten die von Diphenyl (12,5 bzw. 0,25 mg/kg Körpergewicht).

Neben den Konservierungsmitteln, die in die Nahrungsmittel eindringen, gibt es andere, die nur auf die Oberfläche gebracht werden: Natrium- und Kalium-Wasserglas auf die Oberfläche von Eiern, Diphenyl auf die Oberfläche von Zitrusfrüchten.

Süßstoffe

Von den synthetischen Süßstoffen: Saccharin, Dulcin, Cyclamat und Xylit war auf Seite 28 die Rede.

Farbstoffe

Weil wir auch mit den Augen essen, hat man sich zu allen Zeiten bemüht, Nahrungsmittel attraktiv zu färben. Als *natürliche Färbemittel* dienten und dienen Eigelb, Paprika, Safran, Heidelbeer- und Rote-Beete-Saft, Holunderbeerensaft, Karamel und vieles andere.

Synthetische Farbstoffe haben die oft hochgiftigen mineralischen Farbstoffe früherer Jahrhunderte verdrängt.

Man hielt die synthetischen Farbstoffe, meist Anilin-Farbstoffe, für ungiftig, bis *Kinosata* im Jahre 1937 nachwies, daß einer der vielgebrauchten Farbstoffe, das Buttergelb (Dimethylaminoazobenzol), für die Ratte kanzerogen ist.

Das Buttergelb wurde dann verboten und die ganze Palette der Nahrungsmittelfarbstoffe auf ihre Giftwirkungen und Möglichkeiten einer Anreicherung im Körper geprüft. So wissen wir heute von den synthetischen Farbstoffen mehr als von den natürlichen. Die in der BRD geltende Farbstoffverordnung beschränkt die synthetischen Farbstoffe auf ein Mindestmaß und gibt die Höchstmengen an, in denen sie den Nahrungsmitteln zugesetzt werden dürfen.

Die Meinung, auf gefärbte Nahrungsmittel aller Art könnten Kinder mit *krankhaften Erregungszuständen* reagieren, ist nicht erwiesen.

3.4.10 Die Abfälle

In vielen Betrachtungen zur heutigen Ernährungssituation in der BRD kehrt die Meinung wieder: *wir essen viel zu viel* – zuviel vor allen Dingen an Nahrungsenergie (Kalorien) und zuviel Fett. Die Meinung stützt sich auf die volkswirtschaftlichen Verbrauchsziffern und identifiziert Verzehr mit Verbrauch.

Die *Verbrauchs*ziffern liegen aber, wie oben gezeigt (s. S. 45), notwendig weit über den *Verzehrs*ziffern. Selbst die landesüblichen Verzehrsziffern, die die Bearbeitungsverluste in Rechnung stellen, liegen immer noch über dem tatsächlichen Verzehr. Der Grund: sie lassen die Abfälle außer Betracht. Sie vergessen, daß *nicht alles, was in die Küche und auf den Tisch kommt, auch gegessen wird:* Sie übersehen die je nach Gewohnheit und Wohlstand größeren oder kleineren Abfallmengen.

Abfall sind Nahrungsmittelteile, die nicht verzehrt werden, weil sie *nicht eßbar* sind: Knochen, Sehnen, Knorpel und Häute von Warmblütern, Kopf, Schwanz und Gräten vom Fisch, Stiele, Schalen und Kerne von Obst, Strünke und die äußeren Blätter von Gemüse. Ins Gewicht fallen vor allen Dingen in Wohlstandszeiten

Tabelle 14. Durchschnittliche Küchenabfälle bei Gemüse und Obst. (Ernährungsbericht 1972)

Gemüse	Abfall (%)	Obst	Abfall (%)
Erbsen, grün	60	Birnen	6
Bohnen (Schnittbohnen)	7	Äpfel	8
Karotten	17	Kirschen, süß	11
Spinat	22	Pflaumen	6
Blumenkohl	38	Aprikosen	7
Grünkohl	49	Pfirsiche	8
Kohlrabi	32	Johannisbeeren, rot	2
Rosenkohl	19	Johannisbeeren, schwarz	2
Rotkohl	22	Stachelbeeren	2
Weißkohl	22	Erdbeeren	5
Sauerkraut	0	Himbeeren	0
Gurken	26	Brombeeren	0
Tomaten	4	Heidelbeeren	3
Sellerie	27	Preiselbeeren	6
Spargel	26	Weintrauben	6
Pilze (je nach Art)	9–50	Ananas	44
Paprikaschoten (grün)	23	Bananen	32
Schwarzwurzeln	44	Zitronen	36
Rote Bete	22	Orangen	28
Porree	42	Grapefruit	29
Hülsenfrüchte	1– 3		
Kartoffeln	20		

die *Tischabfälle* und die *Küchenabfälle* (Tabelle 14). „Nach eigenen Erhebungen betragen die möglichen Verluste bei einzelnen Lebensmitteln zwischen 1 und 35% ... Die höchsten Verluste, mehr als 25%, wurden ermittelt bei fettem Speck, mittelfetten und sehr fetten Fleischarten, fettreicher Wurst, Fisch und Fischwaren, vielen Gemüsearten und Kartoffeln" *(Wirths)*. Stellt man in Rechnung, daß die Abfallverluste bei Schlachtfetten 8–30%, bei Schmalz 10–16%, bei Margarine 10–15%, bei Speiseölen 10–15% und bei fettem Speck 25–45% betragen, dann *verlieren die Behauptungen von der heute viel zu fettreichen Ernährung ihre Glaubwürdigkeit.*

3.5 Massenverpflegung

Massenverpflegung bedeutet Verpflegung von Menschenmassen aus *einer* Küche. Ihr Gegenpol ist die *Familienverpflegung.*

Die Ernährungssoziologen benutzen das Wort Massenverpflegung nicht gerne, weil es schlecht klingt. Sie sprechen lieber von *Betreuung durch Gemeinschaftsverpflegung.* In Wahrheit ist das eine doppelte Tarnbezeichnung: *Betreuung* im eigentlichen Sinn des Wortes ist aufopfernde, uneigennützige Hingabe für den hilfsbedürftigen Nächsten. „Betreut" werden heute die Krebskranken mit einem Krebsregister, von dem man nicht genau weiß, in welche Hände es kommt. „Betreut" wird der Bundesbürger auf Kosten seiner Eigeninitiative und Selbstverantwortung von Funktionären und Bürokraten, deren kennzeichnendes Merkmal nicht gerade die Treue ist. *Gemeinschaft* bedeutet (nach dem „Philosophischen Wörterbuch") das „auf ähnlicher Gesinnung, auf gemeinsamen Schicksalen und Bestrebungen beruhende Zusammenleben einer Menschengruppe". Die Teilnehmer an Massenverpflegung sind Angehörige von Industrie- und Handelsbetrieben, von Schulen, Heimen und Militäreinheiten. Gemeinsam ist ihnen weder Gesinnung noch Schicksal noch menschliche Beziehung. Gemeinsam ist ihnen lediglich die Zugehörigkeit zu einem beruflich oder sozial bestimmten Kollektiv.

Nach dem *Stand von 1976* werden in Gestalt von Massenverpflegung in der Bundesrepublik je Jahr „mehr als 3 Milliarden Mahlzeiten abgegeben; über 25 Millionen Bundesbürger essen mindestens einmal im Monat außer Haus, davon rund die Hälfte mit einiger Regelmäßigkeit. Die Zahl der Betriebskantinen liegt bei 15 000 ... Nach fachgerechter Überprüfung der Befragten-Gruppen zeigte sich, daß Faktoren wie Geschmack, Qualität, Gesundheitswert oder Preis (Sonderangebote), aber auch Gewohnheit einen bedeutenderen Einfluß auf die Verhaltenssteuerung des Verbrauchers besitzt als irgendeine Werbeaussage. ... Die Familie ist heutzutage weder räumlich noch zeitlich Mittelpunkt der täglichen Nahrungsaufnahme. Nur bei jedem fünfzehnten Haushalt werden alle Mahlzeiten gemeinsam eingenommen, für ein Drittel der Familie ist das Abendbrot noch Treffpunkt. ... Leitbild für Nahrung und Ernährung ist immer noch weitgehend die ‚gute Hausfrau' der alten bürgerlichen Familie. ... Während viele Erziehungsaufgaben, die ursprünglich von der Familie wahrgenommen wurden, auf gesellschaftliche Institutionen übergegangen sind, ist die Ernährungserziehung bei der Familie verblieben ... Die Ernährungsberatung stößt zur Zeit noch auf viele Barrieren, die von bewußter Distanz über Unkenntnis, Gleichgültigkeit und falsches Sicherheitsgefühl bis zum betonten Festhalten an Althergebrachtem reichen." (*Ernährungsbericht* 1976). Die Anzahl der Teilnehmer an einer „Außer-Haus-Verpflegung" hat in der BRD von 1970 bis 1980 von 10,845 auf 14,615 Millionen zugenommen (*Ernährungsbericht* 1980).

Massenverpflegung ist unaufhaltsam, weil aus zeitlichen und räumlichen Gründen mindestens die Mittagsmahlzeit sehr oft nicht zu Hause eingenommen werden kann. Erstrebenswert geblieben ist trotz alledem immer noch die Tendenz, die *Mahlzeiten individuell zu gestalten.* Abgesehen vom Essen selbst ist das häusliche Milieu ansprechender: Kleinere Räume, mehr gegenseitige Rücksichtnahme, weniger Lärm, mehr Eingehen auf persönliche Vorlieben und Abneigungen. Wenn die Ernährungsberatung „auf viele Barrieren" stößt, dann ist das im Hinblick auf die oft unbegründeten, ja abwegigen Belehrungen vieler Ernährungsberater als Zeichen selbständigen Denkens und Widerstands gegen Vermassung nicht nur verständlich, sondern auch erfreulich.

Sinngemäß dasselbe gilt für die Versuche, mit allen Mitteln der Propaganda, Überredung und Verängstigung – der Fachausdruck heißt „Öffentlichkeitsarbeit" – die Essensgewohnheiten ganzer Wohngemeinden nach fragwürdigen Lehren umzugestalten *(Clemens, Nüssel).* Viele traditionelle Essensgewohnheiten sind wohlbegründet und sinnvoll, selbst wenn die Ernährungsberater sie nicht verstehen und glauben, sie bekämpfen zu müssen.

Eine andere Form der Uniformierung und Vermassung der Ernährung repräsentieren die *Schnell-Imbiß-Restaurants.* Die Institution kommt aus den USA und hat sich in der Bundesrepublik schnell ausgebreitet. Das Schnell-Imbiß-Restaurant bietet nur ganz wenige, unter Umständen nur ein einziges Gericht an: Gebratenes Hackfleisch im Brötchen („Hamburger"), gebratenes Hähnchen, Kartoffelchips mit Currysoße und anderes. In aller Welt soll es mehr als 6000 „Hamburger"-Lokale geben. Schnell soll der Gast bedient werden, schnell soll er wieder auf der Straße stehen. Im Vorübergehen kann man Kartoffelpuffer verzehren und Hörnchen, Schaschlik und Currywurst. Das Essen ist zur Nahrungsaufnahme geworden. Seine sozialen Funktionen hat es verloren. Es ist nicht mehr tägliche Gelegenheit zur Besinnungspause, zu Gesprächen, zur Pflege menschlicher Beziehungen.

Zwei deutsche Soziologen wollen die allgemeine Gleichschaltung; sie wollen die individuelle Initiative zwangsweise noch viel stärker einschränken um das, wie sie glauben, *„Ernährungsfehlverhalten im Wohlstand"* unmöglich zu machen: „Offenbar darf die tägliche Ernährung nicht mehr wie früher nur der hergebrachten Tradition und den darauf basierenden Entscheidungen des einzelnen überlassen bleiben" *(Neuloh und Teuteberg)*. Solche Auffassungen scheinen regierungsamtlichen Bestrebungen zu entsprechen: *Neuloh und Teuteberg* sind Mitarbeiter des „Ernährungsberichtes 1976", der im Auftrag des Bundesministeriums für Jugend etc. in Bonn herausgegeben worden ist.

So verwirklicht sich auch im Bereich der Ernährung immer mehr das Bild, das *G. Orwell* vor mehr als 30 Jahren in seinem Bestseller *„1984"* gezeichnet hat: Über das Was und das Wie der Ernährung bestimmt der „große Bruder". Die Ernährung ist genormt. Wie das aussieht, schildert *Orwell:* „Jedem wurde mit einem raschen Schwung seine Einheitsmahlzeit zugeteilt: Ein Eßgeschirr voll eines rosa-grünen Eintopfes, ein Stück Brot, ein Würfel Käse, ein Becher Victory-Kaffee ohne Milch und eine Saccharintablette ... Er begann gehäufte Löffel des Eintopfgerichtes hinunterzuschlingen, in dessen schlüpfriger Masse auch Würfel eines schwammigen und rosafarbenen Zeugs auftauchten, das vermutlich ein Kunstfleischprodukt war."

3.6 Nahrungsmittelverzehr und Nährstoffbedarf

Nach alledem stellt sich abschließend die Frage: Sind wir heute in der Bundesrepublik „richtig", das heißt optimal ernährt? Kann die heute landesübliche Kost den Bedarf an allen lebensnotwendigen Nährstoffen decken?

Im Material zum Ernährungsbericht 1980 ist der „mittlere tägliche Nährstoffverbrauch“ für 9 Altersgruppen, jeweils für männliche und weibliche Personen zusammengestellt. Die Zahlenwerte stützen sich auf „gerundete Näherungswerte“. Der Ernährungsbericht 1980 gibt eine Zusammenfassung: „*Zum Verbrauch verfügbare Mengen* von Nahrungsenergie, Nährstoffen und ausgewählten Nahrungsinhaltsstoffen je Tag und Person“ (Tabelle 15). Es fragt sich, ob der Bedarf an den speziellen Nährstoffen als gedeckt gelten kann. Als Maßstab dienen hier und jetzt *nicht* die in der Tabelle 15 aufgeführten Empfehlungen der DGE (Deutsche Gesellschaft für Ernährung) vom Jahre 1975, sondern die in Abschnitt 2 angegebenen Richtwerte der RDA.

Tabelle 15. Zum Verbrauch verfügbare Mengen von Nahrungsenergie, Nährstoffen und ausgewählten Nahrungsinhaltsstoffen je Tag und Person. Basis: Verbrauchsdaten für Nahrungsmittel des Bundesministers für Ernährung, Landwirtschaft und Forsten[a]. (Ernährungsbericht 1980)

	Im Durchschnitt verfügbare Mengen				Zufuhrempfehlungen[b] (DGE, 1975)	
	1978/79		1973/74			
Nahrungsenergie	14087	kJ	13836	kJ	10032	kJ
	3370	kcal	3310	kcal	2400	kcal
Protein	91	g	85	g	59	g
Fett	145	g	136	g	–	
davon						
mehrf. ungesätt. Fettsäuren	22,0	g	20,4	g	–	
einf. ungesätt. Fettsäuren	50,4	g	47,0	g	–	
gesättigte Fettsäuren	55,2	g	51,8	g	–	
Kohlenhydrate	364	g	347	g	–	
davon Polysaccharide	173	g	168	g	–	
Milchzucker	16	g	16	g	–	
Rüben-/Rohrzucker (Saccharose)	133	g	121	g	–	
Monosaccharide	42	g	42	g	–	
Alkohol	27	g	26	g	–	

Tabelle 15 (Fortsetzung)

	Im Durchschnitt verfügbare Mengen		Zufuhrempfehlungen[b] (DGE, 1975)
	1978/79	1973/74	
Linolsäure	17,9 g	16,6 g	10 g
Mineralstoffe			
Natrium	5,3 g	5,2 g	2–3 g
Kalium	3,9 g	3,7 g	2–3 g
Calcium	835 mg	820 mg	750 mg
Magnesium	400 mg	380 mg	240 mg
Eisen	13,6 mg	12,8 mg	15 mg
Zink	12,6 mg	11,7 mg	10–20 mg
Kupfer	2,6 mg	2,4 mg	2– 5 mg
Phosphor	1570 mg	1440 mg	750 mg
Vitamine			
Vitamin A (Retinol-Äquivalent)[c]	1,4 mg	1,3 mg	0,9 mg
Vitamin E (α-Tocoph.-Äquivalent)[d]	17,1 mg	18,4 mg	12 mg
Thiamin (Vitamin B_1)	1,8 mg	1,7 mg	1,5 mg
Riboflavin (Vitamin B_2)	2,1 mg	2,0 mg	1,9 mg
Vitamin B_6	2,2 mg	2,1 mg	1,7 mg
Folsäure[e]	160 µg	158 µg	150 µg
Vitamin B_{12}	9,6 µg	8,9 µg	5 µg
Vitamin C	119 mg	119 mg	75 mg
Pflanzenfaser-Ballaststoffe	25 g	24 g	–
davon Zellulose	7,7 g	7,2 g	–
Pektin + Hemizellulose	16,2 g	15,9 g	–
Lignin	1,2 g	1,2 g	–
Purin-Stickstoff	190 mg	178 mg	–
Cholesterin	523 mg	496 mg	–

[a] Verbrauch von Nahrungsmitteln je Kopf der Bevölkerung. In: Statistisches Jahrbuch über Ernährung, Landwirtschaft und Forsten. Landwirtschaftsverlag, Münster-Hilstrup, jährl. ersch. Berechnung s. S. 52

[b] Gerundete Mittelwerte für Männer und Frauen

[c] Retinoläquivalente (6 µg β-Carotin bzw. 12 µg andere Provitamin A-Carotinoide = 1 µg Retinoläquivalent)

[d] α-Tocopheroläquivalente (1,49 · d-α-Tocopherol, 0,4 · β-Tocopherol, 0,2 · γ-Tocopherol)

[e] Freie Folsäureäquivalente (freie Folsäure + 0,2 · gebundene Folsäure)

Nahrungsenergie: Bedarf gedeckt. Dabei ist nicht berücksichtigt, daß in der „Wohlstandsgesellschaft" Tellerabfall und Haushaltsverluste sehr hoch sind. Verläßliche Zahlenwerte gibt es darüber nicht. Hoher Energiewert der Nahrung als solcher ist gesundheitlich unbedenklich, insbesondere hinsichtlich Fettleibigkeit.

Proteine: Bedarf gedeckt unter der Voraussetzung, daß ein Teil der Proteine tierischer Herkunft ist. Keine Gefährdung durch überhöhten Proteinverzehr.

Fette: Bedarf gedeckt.

Kohlenhydrate: Bedarf gedeckt. Keine Bedenken gegen die Höhe des Zuckerverzehrs. Ausreichende Versorgung mit unverdaulichen Ballaststoffen ist gesichert durch Obst- und Gemüseverzehr. Keine Gefährdung durch überhöhten Kohlenhydratverzehr.

Natrium, Kalium, Calcium, Magnesium: Bedarf jeweils gedeckt. Keine überhöhten Zufuhren. Die Natrium-Aufnahme je Kopf und Tag verschiedener Bevölkerungsgruppen lag 1981 zwischen 5,5 und 10,6 g, entsprechend 14 und 27 g Kochsalz insgesamt.

Eisen: Bedarf von Frauen im gebärfähigen Alter, von schwangeren und stillenden Frauen und von Jugendlichen nicht gedeckt. Im übrigen Bedarf gedeckt. Keine überhöhte Zufuhr.

Zink: Bedarf wahrscheinlich nicht optimal gedeckt.

Kupfer und Phosphor: Bedarf gedeckt. Keine überhöhte Zufuhr.

Vitamin A und E: Bedarf gedeckt, keine überhöhte Zufuhr.

Thiamin-, Riboflavin-, Vitamin B_6*-, Folsäure-, Vitamin* B_{12}*- und Vitamin* C-Bedarf gedeckt, keine überhöhte Zufuhr.

Cholesterin ist kein lebensnotwendiger Nährstoff. Menschlicher Organismus kann Cholesterin selbst bilden.

Aus den gesicherten Ergebnissen der Ernährungsphysiologie, der Ernährungspathologie, der Nahrungsmittelchemie und der Verbrauchsstatistik ergibt sich: *Die Bevölkerung der Bundesrepublik ist gegenwärtig mit allen lebensnotwendigen Nährstoffen, ausgenommen das Eisen, gut versorgt.* Das schließt selbstverständlich nicht aus, daß es Menschen gibt, die in irgendeiner Hinsicht fehlernährt sind: Alte und Kranke, Asoziale und Verwahrloste, Alternde und Anhänger alternativer Ernährungslehren.

Überall und zu allen Zeiten hat es Medizinmänner, Priester und Propheten, Geltungsbedürftige, Sonderlinge aller Art und geschäftstüchtige Kaufleute gegeben. Sie verstehen es, den Menschen Angst einzujagen mit Drohungen von Unheil und Strafen im Diesseits und Jenseits, mit plastischen Schilderungen von Krankheit und Tod. Es gibt keine noch so absurde Behauptung, die nicht ihre Gläubigen findet.

Eine Kostprobe *moderner Schlagzeilen:* 70% der Bundesbürger ernähren sich falsch – Mangelernährung ist gar nicht so selten – „Die Natriumzufuhr ist wegen ihrer Auswirkung auf den Blutdruck zu hoch" – „Ein Drittel aller Mitteleuropäer ist fettleibig" – Bei vielen Menschen in Mitteleuropa ist der Bedarf an Vitaminen und Spurenelementen über lange Zeit nicht gedeckt – Nutritiver Mangel, verdeckt vom Überfluß. Aus solchen Tendenzen – nicht aus der ärztlichen Erfahrung – sind auch die „ernährungs*abhängigen*" – nicht die ernährungs*bedingten* – Krankheiten entstanden, die den „einfältigen Laien" darüber hinwegtäuschen, daß das ganze Leben ernährungsabhängig ist.

Die Folgen solcher Verängstigungen sind *nutzlose Aufwendungen und Ausgaben.* Verängstigungen sind aber nicht mehr Privatangelegenheit eines jeden, wenn zu Lasten der Allgemeinheit, speziell der Krankenkassen, Gelder vertan werden, die nutzbringender und sinnvoller an anderen Stellen eingesetzt werden könnten.

Ein *Ereignis aus neuester Zeit.* Es stammt aus Ungarn, könnte aber in jedem anderen Land genauso passiert sein. In Ungarn gilt neuerdings Vitamin B_{12} als Heilmittel, nicht nur und zwar zurecht, für eine spezielle Form von Blutarmut (Perniziöse Anämie), sondern auch, zu unrecht, als Heilmittel gegen viele andere Krankheiten. Die Folge: Weit über 2 Millionen µg Vitamin B_{12} wurden allein im Jahr 1980 verbraucht. Diese Menge würde ausreichen, um

6,5 Millionen Anämiekranke zu behandeln. Im ganzen Land gibt es aber nur einige Hundert. Dazu der Verfasser des Artikels: „Für Placebotherapie ist Vitamin B_{12} zu teuer."

Ungeachtet aller dramatischen Schilderungen von Mangel-, Fehl- und Überernährung mit diesem oder jenem Nährstoff werden die Menschen immer älter und die Achtzigjährigen sehen heute aus wie ihre Großväter mit Sechzig – ganz ohne Beistand von Ernährungsberatern.

4 „Gift in der Nahrung"

Die Sonne ist gut und die Sonne ist nicht gut. Der Regen ist gut und der Regen ist nicht gut. Alle Dinge sind Gift. Allein die Dosis macht, daß ein Ding kein Gift ist. Vor mehr als 400 Jahren hat *Paracelsus* diese Worte niedergeschrieben und im Zeichen dieser Worte muß jede Betrachtung, jede Diskussion stehen, in der es um Gifte und Giftwirkungen geht. Ungezählte Irrtümer und grundlose Ängste sind entstanden und entstehen, wo man diese jahrhundertealte biologische und ärztliche Erfahrung nicht kennt oder glaubt, sich über sie hinwegsetzen zu können – die Erfahrung: *Dosis facit venenum.*

Die giftwirksamen Nahrungsinhaltsstoffe sind verschiedener Herkunft. In *natürlichen Nahrungsmitteln* kommen sie vor, das heißt in pflanzlichen und tierischen Organismen, die weder landwirtschaftlich noch industriell noch handwerklich noch küchenmäßig bearbeitet und in keiner Weise durch organismusfremde Stoffe verunreinigt worden sind. Vermutlich erfüllen diese für den Menschen giftigen Stoffe im Leben der Pflanze und des Tieres wichtige biologische Aufgaben.

Giftwirksame Nahrungsinhaltsstoffe können auch Fremdstoffe sein, die bei der *Produktion oder Bearbeitung* des Nahrungsmittels entstehen oder als *Verunreinigungen* unabsichtlich in das Nahrungsmittel hineingelangen.

Giftwirksame Nahrungsinhaltsstoffe können schließlich Stoffe sein, die dem Boden, dem Futter, dem Nahrungsmittel aus verschiedenen Gründen absichtlich zugesetzt worden sind: *Zusatzstoffe.*

4.1 „Natürliche" Gifte

4.1.1 Giftpilze

„Als Giftpilze werden alle höheren Pilze bzw. ihre gemeinhin als ‚Pilze' bezeichneten Fruchtkörper zusammengefaßt, die unter physiologischen Verhältnissen Giftstoffe als normale Bestandteile des Pilzstoffwechsels enthalten" *(Gessner)*. Zu Giftpilzen können auch von Natur aus giftfreie, eßbare Pilze werden, wenn man sie zu lange aufbewahrt oder unsachgemäß behandelt.

Zu den Giftpilzen gehören der Knollenblätterpilz (Amanita phalloides, Amanita virosa, Amanita verna, Amanita mappa), der Fliegenpilz (Amanita muscaria), der Pantherpilz (Amanita pantherina), der ziegelrote Rißpilz (Inocybe lateraria), die Speiselorchel (Helvella esculenta), der Satanspilz (Boletus satanas), der Spei-Teubling (Russula emetica), der Birkenreizker (Lactarius torminosus) und der fleischrote Schirling (Lepiota helveola). In ihrer Konstitution bekannt sind bis heute nur die Wirkstoffe Amanitin und Phalloidin des grünlichen Knollenblätterpilzes und das Muscarin des Fliegen- und Pantherpilzes.

Die ersten *Erscheinungen einer Pilzvergiftung* sind zumeist Übelkeit, Erbrechen, Leibschmerzen und Durchfälle. Bei der Fliegenpilzvergiftung sind es Benommenheit, Müdigkeit, danach Unruhe, Augenflimmern, Angst, Schwindel, Bewußtseinstrübung und Sinnestäuschungen.

Zu den an sich giftfreien Pilzen, die unter Umständen *giftig werden* können, gehören Pfifferling (Cantharellus cibarius), Steinpilz (Boletus edulis), Wiesenchampignon (Psalliota campestris) und Edelreizker (Lactarius deliciosus). Sie enthalten giftwirksame Stoffe: Capillargifte, Hämolysine (blutkörperchenlösende Stoffe), Hämagglutinine (blutkörperchenverklumpende Stoffe) und Muscarin. Die Konzentration dieser Stoffe ist aber so gering, daß sie als praktisch wirkungslos gelten können.

Giftpilze werden nicht nur ihrer Giftwirkungen wegen gefürchtet, sondern eben dieser *Giftwirkungen wegen auch geschätzt.* Gift oder Genußmittel? Die Antwort hängt von der persönlichen Einstellung ab – wie beim Alkohol.

Nach der „richtigen" Menge Fliegenpilze kommt es zu psychischen Veränderungen, die stundenlang anhalten: Der Esser wird dösig, verliert aber nicht ganz die Beziehung zur Umwelt. In diesem Halbschlaf erlebt er eine intensive Hebung seiner Stimmungslage, optische und akustische Sinnestäuschungen, einen „Rausch höherer Klasse", währenddessen er außerordentlicher Leistungen fähig sein soll. Pilze – nicht nur der Fliegenpilz – werden weithin auf der Erde genommen, „wenn ein ernstes Problem gelöst werden muß ... Ich möchte die These aufstellen, daß unsere primitiven Vorfahren bei der Suche nach Nahrung auf unsere psychotropen Pilze stießen – oder auch auf andere Pflanzen mit denselben Eigenschaften –, sie aßen, und auf diese Weise das Wunder der Ehrfurcht im Angesicht Gottes kennenlernten" *(Wasson).*

4.1.2 Enzymhemmende Stoffe

Enzyme, Fermente, sind Stoffe, die in der lebenden Zelle Stoffumsätze in Gang setzen und beschleunigen. Enzyme bestehen jeweils aus einer einfacheren Wirkungsgruppe (Proferment) und einem hoch komplizierten Eiweißkörper (Apoferment).

Die *Sojabohne* ist im Fernen Osten Volksnahrungsmittel seit prähistorischen Zeiten. Rohe Sojabohnen aber sind unverdaulich. Sie enthalten einen Stoff, der das eiweißverdauende Enzym der Bauchspeicheldrüse inaktiviert und dadurch Eiweißfäulnis und Verdauungsstörungen bewirkt. Zum genießbaren Nahrungsmittel wird die Sojabohne erst, wenn man sie erhitzt oder vergärt, d. h. den enzymhemmenden Stoff zerstört.

Als enzymhemmendes natürliches Gift ist auch die *Blausäure* wirksam. Sie kommt in bitteren Mandeln vor, in Süßkartoffeln und in Cassava. Die Wurzelknollen des Cassavastrauches sind in den Tropen und Subtropen eine der wichtigsten Nahrungspflanzen. Cassava wird wie Kartoffeln gekocht oder in Form von Cassavastärke (Tapioka) gegessen. Blausäure(Cyan)-Vergiftung macht Atemnot, Bewußtlosigkeit, Krämpfe und kann tödlich enden. 100 g bittere Mandeln enthalten mehr als die für Erwachsene tödliche Dosis. Bei Erhitzung auf über 60° C wird die Blausäure vollständig entfernt.

Ein Enzymhemmer ist das im Baumwollsamen enthaltene *Gossypol.* Es hemmt die eiweißverdauenden Enzyme Pepsin und Trypsin. Die Vergiftung verläuft mit Appetitlosigkeit, Gewichtsabnahme, Durchfällen, Auflösung der roten Blutkörperchen und Herzversagen. Baumwollsamen enthalten einen hochwertigen Eiweißstoff und sind deshalb als Nahrungs- und Futtermittel sehr begehrt. Durch Kochen, Dämpfen und Autoklavieren, durch Behandlung mit Alkalien, Eisensalzen und anderen Verfahren läßt sich die Gossypoltoxizität weitgehend beseitigen.

Als Enzymhemmer (Cholinesterasehemmer) hat sich das Kartoffelalkaloid *Solanin* identifizieren lassen. Der Solaningehalt junger Kartoffeln wird in neueren Untersuchungen mit 18 mg je 100 g, der Gehalt an Kartoffeln, die wahrscheinlich giftig wirken, mit 84 mg je 100 g angegeben. Vermutlich spielen bei solchen Vergiftungen auch andere Inhaltsstoffe mit. Die ersten Symptome akuter Vergiftung sollen nach 300 bis 400 mg auftreten.

Der Solaningehalt ungeschälter Kartoffeln nimmt (nach älteren Untersuchungen) von der Ernte bis zum Juni des folgenden Jahres auf das Dreifache zu. Solanin findet sich vor allem in „grünen" Kartoffeln, in den Kartoffelbeeren und in den Kartoffelkeimlingen, die sich bei monatelangem Lagern entwickeln. Kartoffeln mit 1% Solanin gelten als untauglich für den menschlichen Verzehr. Durch Kochen werden 30 bis 40%, durch Braten noch größere Mengen des Solanins zerstört.

Im Zustandsbild der Solaninvergiftung stehen Magen-Darmerscheinungen im Vordergrund. Dazu kommen Kopfschmerzen, Abgeschlagenheit, Übelkeit, Erbrechen und mehr oder weniger heftiger Durchfall mit Kolikschmerzen, häufig auch Benommenheit und Schwindel. Todesfälle scheinen nicht vorzukommen.

4.1.3 Karzinogene

Ermittlung karzinogener Nahrungsinhaltsstoffe

Die Frage, ob Nahrungsinhaltsstoffe für den Menschen karzinogen sein können, war und ist Gegenstand vieler epidemiologischer und experimenteller Forschungen.

Epidemiologisch ermittelt wird zunächst die Häufigkeit (Prävalenz) von speziellen Karzinomarten: Von Karzinomen des Magens, des Dickdarms, der Leber, der Gebärmutter, der Eierstöcke, der Prostata, der Hoden, der Brust, der Nieren, der Harnblase. Die ermittelte Häufigkeit wird dann verglichen mit dem Verbrauch derselben Bevölkerungsgruppe an speziellen Nahrungsmitteln. Die Ergebnisse solcher Erhebungen sind in der Tabelle 16 zusammengestellt.

Epidemiologische Erhebungen haben in vielen Fällen zu Fehlschlüssen geführt, weil nicht berücksichtigt worden ist, daß Erhebungen dieser Art immer nur *Korrelationen* feststellen können, niemals aber *kausale Zusammenhänge.*

Beispiele *fehlerhafter epidemiologischer Schlußfolgerungen* bietet ein kürzlich erschienenes Buch: „Krebswelt – Krankheit als Industrieprodukt" *(Koch).* In diesem Buche werden Häufigkeitszahlen verschiedener Länder miteinander verglichen, ohne daß die absoluten Zahlen der Bevölkerungen berücksichtigt werden. Bei Vergleichen von Krebshäufigkeit und Industrialisierungsgrad wird behauptet, die Zahlen seien altersstandardisiert. In Wahrheit beziehen sie sich auf die Gesamtbevölkerung: In Hamburg etwa ist die Bevölkerung i. M. erheblich älter als in Ungarn oder in Indien und Nigeria. Da die Erkrankungswahrscheinlichkeit an Karzinom mit den Lebensjahren ansteigt, ist die Zahl der Karzinomkranken in Hamburg naturgemäß größer. Die Behauptung, bei der Krebsstatistik liege die BRD an der Spitze, ist schlicht falsch. Völlig unberücksichtigt bleibt auch eine Tatsache, die ganz entscheidend die Häufigkeitszahlen aller Todesarten bestimmt: Die Zuverlässigkeit der Feststellung. Die Zuverlässigkeit ist selbst in der BRD heute so gering, daß die Häufigkeitsdaten nach Meinung eines Amtsarztes – er muß es am besten wissen – praktisch wertlos sind: Die Todesursachenstatistik hat „für die Analyse der Todesursachen in ganzer Breite ... keine große Bedeutung mehr". Wie zuverlässig mögen erst die Krebszahlen in Ländern sein, in denen die Todesfälle auch nicht annähernd so vollständig erfaßt werden wie in der BRD! Je besser das Meldewesen, desto höher die Krebsquoten.

Mit epidemiologischen Untersuchungen lassen sich – das sei noch einmal betont – niemals *kausale* Zusammenhänge beweisen. Erschwerend bei der Suche nach Krebsursachen kommt hinzu, daß zwischen Ursache und Wirkung meist *große Zeiträume* liegen. Die Ernährungsgewohnheiten von heute wirken sich unter Umständen erst in 20 Jahren aus. Und unter den Menschen gleicher Ernährungsgewohnheiten ist die *Zahl der Krebskranken* relativ gering. Will man

Tabelle 16. Beispiele epidemiologischer Hinweise auf mögliche ernährungsabhängige Krebsrisiken des Menschen. (Aus *Habs* et al. 1979)

Tumor-lokalisation	Vermutete Ursache / inkriminierter Nahrungsbestandteil	Art der Studie	Autor(en)
Speiseröhre	Heißer Tee	Globaldaten und Feldstudie im Iran	*Mahboubi* u. *Ghadivian* 1976
	Schnaps, Bier	Globaldaten in USA	*Breslow* u. *Enstrom* 1974
	Alkohol	Globaldaten in Frankreich	*Tuyns* 1970
Magen	Geräucherte Lebensmittel	Globaldaten in Island	*Sigurjonsson* 1967
	Reis, Salz, Fett, Alkohol	Globaldaten in Japan	*Oiso* 1975
	Getrockneter, gesalzener Fisch, japanisches Essiggemüse	Kontrollierte Patientenbefragung an japanischen Einwanderern in Hawaii	*Haenszel* et al. 1972
	„Japanische Ernährung“	Globaldaten an japanischen Einwanderern in USA	*Dunn* 1975
	Protektion durch rohes Gemüse	Kontrollierte Patientenbefragung an japanischen Einwanderern in Hawaii	*Haenszel* et al. 1972
		Kontrollierte Patientenbefragung	*Graham* et al. 1972
Dickdarm	Fleischverzehr	Globaldaten im Ländervergleich	*Berg* u. *Howell* 1974
	Fleisch- und Fettverzehr	Globaldaten im Ländervergleich	*Armstrong* u. *Doll* 1975
	Rindfleisch, Bohnen	Kontrollierte Patientenbefragung an japanischen Einwanderern in Hawaii	*Haenszel* et al. 1973

	Schnaps, Bier	Globaldaten in USA	*Breslow* u. *Enstrom* 1974
	Mangel an Faserstoffen	Kontrollierte Patientenbefragung	*Modan* et al. 1975
	Ernährungsabhängige Stuhlmenge	Globaldatenvergleich in Finnland und New York, Stuhlanalysen	*Reddy* et al. 1978
	Ernährungsabhängige Gallensäuremuster und und Cholesterinmetabolite	Kontrollierte Befragung an Patienten, Stuhlanalysen	*Reddy* u. *Wynder* 1977
	Gesättigte Fettsäuren, Cholesterin	Globaldaten in Chile	*Zaldivar* u. *Wetterstrand* 1976
Enddarm	Gesättigte Fettsäuren, Cholesterin	Globaldaten in Chile	*Zaldivar* u. *Wetterstrand* 1976
	Bierkonsum	Globaldaten in USA	*Enstrom* 1977
Leber	Alkohol	Aggregatdaten in Genf	*Tuyns* u. *Obradovic* 1975
	Mangelernährung	Globaldaten im Ländervergleich	*Armstrong* u. *Doll* 1975
	Aflatoxine in der Nahrung	Aggregatdaten in Kenia, Mozambique, Thailand, Nahrungsmittelanalytik	*Shank* 1977
Uterus, Ovar, Prostata	„Westliche Ernährung“	Globaldaten an japanischen Einwanderern in die USA	*Dunn* 1975
	Fettverzehr	Globaldaten im Ländervergleich	*Armstrong* u. *Doll* 1975
Hoden	Fettverzehr	Globaldaten im Ländervergleich	*Armstrong* u. *Doll* 1975

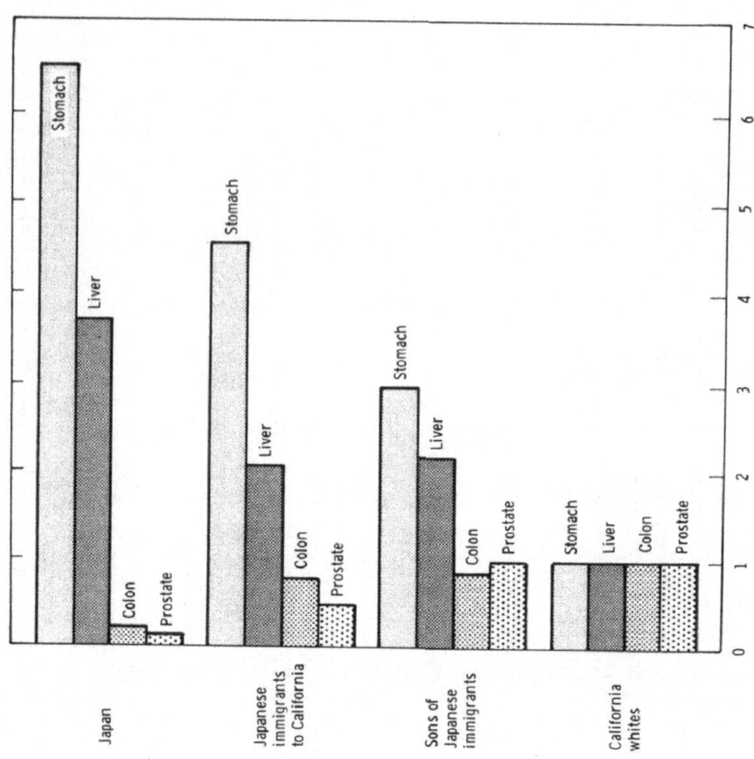

Abb. 6. Todesfälle an verschiedenen Karzinomarten bei Japanern und japanischen Einwanderern in Kalifornien, verglichen mit kalifornischen Weißen. (Entnommen aus *Löhr* 1979)

etwa im *hohen Fettverzehr* eine Ursache von Dickdarmkarzinomen sehen, dann paßt dazu nicht, daß es fettreich lebende Bevölkerungsgruppen gibt – Finnen, Vegetarier, die sich überwiegend von Milchprodukten ernähren –, die keineswegs ein hohes Risiko an Darmkrebs aufweisen. Hohes Cholesterinniveau und Fettverzehr kann demnach die hohe Krebssterblichkeit in Westeuropa und in den USA nicht erklären.

Tierversuche ergaben, „daß es durch eine alleinige Änderung der Ernährung im allgemeinen nicht gelingt, Tumorhäufigkeiten wesentlich zu verschieben, solange keine zusätzliche chemische

Krebsnoxe verabreicht wird... Bisher liegen zu wenige Untersuchungen vor, die eine krebsauslösende Wirkung von Diäten beschreiben, um aus den experimentellen Daten ableiten zu können, daß irgendeine Ernährungsform per se krebsinduzierend wirkt".

Es gibt hingegen eine Vielzahl von Untersuchungen, die einen *Einfluß von Kostformen auf die Karzinomentwicklung* durch definierte chemische Stoffe erkennen lassen. Mehrfach – aber nicht immer – ließ sich eine Verlangsamung des Karzinomwachstums bei Unterernährung, eine Beschleunigung bei Überernährung feststellen. Die Beurteilung experimenteller Ergebnisse ist schwierig, weil sich gleichzeitig mit den bekannten oft auch andere Nahrungsinhaltsstoffe verändern, ungewollt und unbeobachtet. „Bei der gezielten Veränderung des Fettgehalts um den Faktor 10 wurde beispielsweise der Magnesiumgehalt um den Faktor 1000 variiert."

„Versucht man die gegenwärtig bekannten epidemiologischen und experimentellen Daten zusammenzufassen, so erscheint es lohnend, den *Ernährungsstil* als Einfluß auf die Krebsentstehung und das Krebswachstum zu diskutieren. Die meisten Untersuchungen über Ernährungseinflüsse wurden zur Karzinogenese im Magen-Darm-Trakt, besonders im Dickdarm, durchgeführt. Es ist unklar, ob hier ein wesentlicher Kausalfaktor in dem fehlenden Verdünnungseffekt bei ballaststoffarmer Ernährung liegt und/oder in der fettreichen Kost in den Folgen für die Gallensäurenproduktion, das Gallensäurenmuster und den qualitativ und quantitativ veränderten Metabolismus der Darmbakterien... Für die Korrelation zwischen Ernährungsgewohnheiten und Tumorhäufigkeit außerhalb des Magen-Darm-Traktes fehlt es noch weitgehend an tierexperimentellen Paralleluntersuchungen. *Die bisher vorgelegten epidemiologischen Studien reichen nicht aus, um eine Kausalität zu belegen" (Habs).*

Benzpyren

Karzinogene Fähigkeiten des Benzpyren, genauer: der Benzpyrene (aromatischer Kohlenwasserstoffe), sind zum erstenmal in Untersuchungen der Röststoffe von Fleisch und Fett nachgewiesen worden. Benzpyrene *entstehen* beim Backen, Braten und vor allen Dingen beim Grillen, sie entstehen bei unvollständiger Verbrennung von Hausbrand, in der Industrie und in Verbrennungsmotoren und kommen dann über Boden und Wasser in pflanzliche und tierische Nahrungsmittel.

Späterhin zeigte sich, daß Benzpyrene auch *von pflanzlichen Organismen gebildet* werden können und in gleicher Weise karzinogen wirksam sind. Benzpyren ist also auch ein „natürlicher" Nahrungsinhaltsstoff.

Übersichten des heutigen Standes der Dinge geben 2 Berichte von Arbeitstagungen, die dem Thema Krebs und Ernährung galten: der Bericht über die Tagung „Nutrition and Metabolism in Cancer" von *R. Kluthe und G. W. Löhr* und der Bericht über eine Tagung in den USA von *G. Siebert.* Die wesentlichen Gesichtspunkte und Tatsachen sind die gleichen: Ko-karzinogene Effekte verschiedener Faktoren wirken bei jeder Karzinombildung zusammen. Die Karzinombildung kann gehemmt werden durch Carotinoide (Vitamin A), Tocopherole (Vitamin E), vielleicht auch durch Ascorbate (Vitamin C) und Selen. Die Mengen dieser Stoffe, die notwendig sind, um die Karzinomentwicklung zu hemmen, sind weit größer als diejenigen Mengen, in denen diese Stoffe als Nährstoffe dienen. Korrelationen zwischen geographisch unterschiedlichen Karzinomhäufigkeiten und unterschiedlichen Ernährungsgewohnheiten sind kein Beweis für ursächliche Verknüpfung. Die Frage, ob und wieweit Nahrungsfette an der Krebsentstehung beteiligt sind, ist noch längst nicht geklärt. „Wenn hormonell vermittelte Ernährungseffekte dazu kommen, wird das Bild so unübersichtlich, daß eine Kausalitätsprüfung zum Einfluß der Nahrungsfette auf die Krebsentstehung zu einer fast unlösbaren Aufgabe wird" *(Siebert).* Entgegen wiederholten Behauptungen lassen sich durch fettreiche Ernährung experimentell keine Dickdarm-Karzinome erzeugen. Es ist auch keineswegs erwiesen, daß faserreiche (ballaststoffreiche) Kost die Krebsentwicklung im Dickdarm hemmen kann. Nicht nachgewiesen ist schließlich, daß durch Zubereitungsverfahren mit Hitze und Kälte karzinombildende Stoffe entstehen. Als gesichert gilt, daß die Überlebenszeit von Krebskranken durch überhöhte Nährstoffzufuhr irgendwelcher Art nicht verlängert werden kann. „Wer von Ernährung die Krebsheilung erwartet, setzt Fehler der Vergangenheit fort: Krankheiten werden über ihre Ursachen, nicht über ihre Phänomenologie ausrottbar" *(Siebert).*

Tabelle 17. 3,4-Benzpyren-Gehalt in tierischen und pflanzlichen Produkten (Angaben in µg/100 g Trockensubstanz; aus *Diehl* 1978)

Schweinesteak		Toastbrot	
„roh"	0,00	„ungetoastet"	0,08
„gegrillt"	0,80	„getoastet"	0,12
		Kopfsalat	
Bratwürste		„ungewaschen"	0,48
„roh"	0,00	„gewaschen"	0,38
„gegrillt"	1,20		
		Kopfsalat	
Schinken		„Außenblätter"	0,95
„geräuchert"	0,14	„Innenblätter"	0,65
		Endiviensalat	
Salami		„ungewaschen"	1,37
„geräuchert"	0,24	„gewaschen"	1,15
		Spinat	0,64
Leberwurst			
„geräuchert"	0,22	Grüne Bohnen	0,11

Gegenüber dem von den Pflanzen gebildeten Benzpyren „tritt die Bedeutung einer gewissen Zunahme durch Verarbeitungsmethoden vor allem durch Erhitzen, Rösten und Backen, in den Hintergrund; in der Regel beschränkt sich ein eventueller Anstieg auf extreme Bedingungen... Die gesundheitliche Gefährdung durch Räucherwaren wird offensichtlich meist überschätzt" *(Schmidt).* Zum eigengebildeten Benzpyren kommt bei den Nahrungspflanzen, vor allen Dingen bei den großblättrigen Gemüsesorten, die Luftstaubverunreinigung mit Benzpyren. Die Benzpyrene reichern sich in der Wachsschicht der Gemüseblätter an und lassen sich durch Waschen kaum entfernen.

Überschlagsweise hat man eine *Benzpyrenaufnahme* durch den Mund bei einer Lebenserwartung von 70 Jahren von 24 bis 85 mg errechnet (Tabelle 17). Das meiste davon stammt aus dem Gemüse. Tierexperimentell kann man mit Benzpyrenen bei verschiedenen *Tierarten* Krebs erzeugen. Es gibt bisher jedoch keine gleichartigen Befunde von klinischen Untersuchungen an *Menschen.* Die oft angeführten *epidemiologischen Beobachtungen* sind vieldeutig. So hat trotz steigenden Fleisch- und Fettverzehrs die Sterblichkeit an Magenkarzinomen in den westlichen Ländern im ganzen abgenommen. In Island, wo viel Fleisch und Fett, insbesondere viel geräuchertes Fleisch und geräuchertes Fett gegessen wird, sind Magenkarzinome anscheinend relativ häufig. Häufig sind sie andererseits auch in Japan bei geringem Fleisch- und Fettverzehr.

Schließlich bleibt bei solchen Untersuchungen ein wichtiger Gesichtspunkt oft unbeachtet: Wenn karzinogene Stoffe in den Nahrungsmitteln vorkommen und mit den Nahrungsmitteln verzehrt werden, dann ist das noch nicht gleichbedeutend mit Aufnahme in die Organe. Wir wissen nicht, wieviel von den durch den Mund aufgenommenen Stoffen im Darm *resorbiert* wird. Kohlenwasserstoffe wie Benzpyren sind fast wasserunlöslich. So ist denkbar, daß der größte Teil der aufgenommenen Benzpyrene unverändert mit dem Stuhl wieder ausgeschieden wird. Die Frage, ob und wieweit diese Stoffe beim Menschen karzinogen wirksam sind, läßt sich deshalb noch nicht beantworten.

Nitrosamine

Nitrosamine-Stoffe von der Grundstruktur $\begin{matrix} R_1 \searrow \\ \quad N-N=O \\ R_2 \nearrow \end{matrix}$ sind in der Natur *weit verbreitet.* Sie kommen auch in landesüblichen Nahrungsmitteln vor; viele von ihnen sind für Tiere Karzinogene (Tabelle 18). Nitrosaminverbindungen können schließlich auch im menschlichen *Magen gebildet* werden; Ascorbinsäurezusätze reduzieren oder verhindern die Nitrosaminbildung. Wieweit auch im menschlichen Darm Nitrosaminbildung aus Nitraten und Nitriten der Nahrungsmittel stattfindet, ist noch nicht eindeutig geklärt. Bei

Tabelle 18. Dimethylnitrosamin in Nahrungsmitteln. (Aus *Diehl* 1978)

Fleischerzeugnisse, Fische, Käse	1–10 ppb
Salami	20–80
Roher Schinkenspeck	bis 30
Gebratener Schinkenspeck	4–25
Frankfurter Würstchen	bis 84
Rauchfleisch	4–26

längerem Lagern gepökelter Fleischwaren und beim Erhitzen von Nahrungsmitteln ist Bildung von Nitrosaminen möglich.

Mit anderen Worten: Nitrosamine können Inhaltsstoffe „natürlicher“ Nahrungsmittel sein. Sie können aber auch bei der Verdauung oder Bearbeitung von Nahrungsmitteln entstehen. Wichtig zu wissen, daß keineswegs alle Nitrosamine karzinogen sind.

Das Nitrosamin, das in Nahrungsmitteln am häufigsten vorkommt, ist *Dimethylnitrosamin* (DMNA). DMNA ist ein Karzinogen für alle Tiere, bei denen es geprüft wurde. Der DMNA-Gehalt des Fleisches hängt ab vom Gehalt des Fleisches an Nitrit (NO_2) und Nitrat (NO_3). Durch Senkung des Nitrat- und Nitritgehaltes von Pökelsalz sowie durch Zusätze von Ascorbinsäure läßt sich die Nitrosaminbildung im Fleisch verringern.

Wenn in den USA die Häufigkeit von Magenkrebs zurückgeht und der Verzehr von *geräuchertem und gepökeltem Fleisch* abnimmt, dann ist das zunächst nur eine Korrelation zweier Phänomene. Die Frage, ob hier kausale Verbindungen bestehen, bleibt völlig offen.

Die Nitrosaminquelle des *Bieres* ist das Malz. In *Brot, Gemüse, Fisch, Milch, Obst* sind nur selten kleine Nitrosaminmengen gefunden worden. „Über 60% der zur Zeit bekannten DMNA-Exposition für den männlichen Bewohner (bis 1,1 µg/Tag/Mann) entfällt auf die Verunreinigung im Bier, 10% auf die in Fleisch und Fleischwaren aufgenommenen Mengen an DMNA und etwa 1% auf Verunreinigungen im Käse“ *(Habs)*. Dazu kommen die nicht genau bekannten Mengen der im Magen gebildeten Nitrosamine. Die Nitrosaminmengen, deren karzinogene Wirkung im Tierversuch erwiesen ist, liegen sehr viel höher als die Mengen, die der Mensch mit seiner Nahrung aufnimmt. Zu bedenken bleibt dabei, daß wir ständig vielerlei karzinogenen Stoffen ausgesetzt sind, von denen jeder für sich mengenmäßig nicht karzinogen ist, die in ihrer Gesamtheit aber möglicherweise doch in diesem Sinne wirksam werden können.

Seltene „natürliche“ Karzinogene

Nahrungsinhaltsstoffe, die in hohen Dosen bei Tieren Karzinome entstehen lassen können, „natürliche“ Karzinogene, hat man in einer Reihe von Pflanzen nachweisen können. Dazu gehören *eßbare Pilze* (z. B. die Frühjahrslorchel). Dazu gehören die *Cycasnüsse,* die in Ostasien, auf den Pazifischen Inseln und in Afrika als Nahrungsmittel dienen. Dazu gehören auch *Kalamusöl,* das früher als Geschmacksmittel geschätzt wurde, *Safrol* als Inhaltsstoff von Anis- und Kampferöl und das *Öl von Citrusfrüchten.* Die Mengen aller dieser Stoffe, die mit der Nahrung üblicherweise aufgenommen werden, sind aber so gering, daß sie für den Menschen praktisch keine Bedrohung darstellen.

4.1.4 Verschiedenartige „natürliche" Gifte

Der *Lathyrismus,* eine seit Jahrtausenden bekannte Krankheit, ist die Folge einseitiger Ernährung mit *Platterbsen und Kichererbsen.* Die Krankheit kommt heute dort vor, wo diese Erbsensorten angebaut werden (Italien, Spanien, Südfrankreich, Türkei). Sie verläuft mit fortschreitenden Lähmungen der Arme und Beine (Neurolathyrismus) oder mit Entwicklungshemmungen von Knochen und Bindegewebe (Osteolathyrismus). Das Gift, das Alkaloid Lathyrin, läßt sich durch gründliches Kochen entfernen.

Vitaminantagonisten sind nahrungseigene Stoffe, die die Wirksamkeit von Vitaminen hemmen, indem sie sie inaktivieren, zerstören oder fest an andere Stoffe binden und auf diese Weise Vitaminmangelerscheinungen entstehen lassen. Eine Vitaminmangelkrankheit dieser Art, eine Folge unzureichender Versorgung mit dem Vitamin Niacin, ist die *Pellagra,* die Krankheit der Maisesser. Sie verläuft mit sonnenbrandähnlichen Verfärbungen der Haut, Schädigungen der Schleimhäute von Mund, Magen und Darm, in schweren Fällen auch mit Lähmungen, Krämpfen und Bewußtlosigkeit. Die Lösung des Rätsels, warum bei den Maisessern in Nordamerika Pellagra-Erkrankungen seltener waren als bei den Maisessern in Europa und Afrika, scheint darin zu liegen, daß das in Amerika in alter Tradition geübte Verfahren, den Mais mit Kalkwasser zu behandeln, nicht mit nach Europa und Afrika importiert wurde. „Die Pellagra ist ein Geschenk der Indianer der Neuen Welt als kleine Gegengabe dafür, daß die Kolonisten aus der Alten Welt sie nahezu ausgerottet haben" *(Pyke).*

Vitamin A-Vergiftungen – Vergiftungen mit einem lebensnotwendigen Nährstoff – hat man nach Genuß der *Leber von Polartieren* beobachtet. Massenvergiftungen durch Eisbärenleber sind seit der 2. Hälfte des 19. Jahrhunderts häufig beschrieben worden. Gleichartige Vergiftungen sind aufgetreten nach Genuß der Leber anderer Polartiere: von Ringelrobben, Bartrobben, Polarfüchsen und Eskimohunden. In keinem Vergiftungsfall ist der Vitamin A-Gehalt der Leber bestimmt worden. Ein dänischer Forscher hat an eigenem Leibe eine solche Vergiftung erlebt, als er 150 g gebratene Eisbärenleber verzehrte. 150 g Eisbärenleber entsprechen einer Menge von 1,5 Mill. I.E. Vitamin A.

Kinderärzte haben auf die Gefahr von *Vitamin A-Vergiftungen bei gesunden Säuglingen und Kleinkindern* hingewiesen, die routinemäßig *Vitamin A als Vorbeugungsmittel* gegen Unterernährung bekommen hatten. Für Kinder, die gut ernährt sind, ist die Gefahr einer Vitamin A-*Vergiftung* größer als die Gefahr eines Vitamin A-*Mangels.* Gut 10% der Kinder, die der Kinderklinik einer amerikanischen Universität wegen geringer Schäden des zentralen Nervensystems überwiesen worden waren, hatten *exzessive Vitamin A-Dosen* bekommen. Bei einem 4jährigen Jungen mit den eindeutigen Zeichen der A-Hypervitaminose war der Vitamin A-Gehalt im Blutserum 10× so groß wie der Normalwert! Die Quelle der Vitamin A-Vergiftung war die Großmutter, die den Enkel aus ihrem Laden mit Vitamin-Tabletten versorgte. Wieviele das waren, ließ sich nicht mehr feststellen. Nach Absetzen der Tabletten klangen die Symptome schnell ab.

Hohe Vitamin A-Dosen in der *Schwangerschaft* scheinen nicht selten Mißbildungen bei den Neugeborenen zur Folge zu haben.

Die *Erscheinungen* der Vitamin A-Vergiftung bei *Säuglingen* sind Hydrozephalusbildung (Wasserkopf), wenn die zehnfache Bedarfsmenge einige Wochen lang gegeben wird. Bei älteren Kindern und Erwachsenen kommt es zu Kopfschmerzen, Übelkeit, Erbrechen, Doppeltsehen und Augenmuskellähmungen, später zu Haut- und Schleimhauterscheinungen, Haarausfall, brüchigen Nägeln, Knochen- und Gelenkschmerzen, Blutarmut und Milzschwellungen. Je höher die Dosis, desto ausgeprägter die Krankheitserscheinungen.

Unter ähnlichen *Erscheinungen* verlaufen die *Vitamin A-Vergiftungen erwachsener Menschen.* Charakteristisch sind die am 2.

und 3. Krankheitstag auftretenden Hauterscheinungen mit Haarausfall. Dazu kommen „unerträgliche" Kopfschmerzen, Sehstörungen und Krämpfe. Todesfälle sind nicht bekannt. Die giftwirksame Vitamin A- Menge bei Lebergenuß soll zwischen 135 000 und 2,2 Mill. I.E. liegen (Vitamin A-Gehalt der Leber von Eisbären im Winter 10 000–18 000, im Sommer 21 000–26 000 I.E. je Gramm).

Eine andere Form von Vergiftung mit einem natürlichen Nahrungsinhaltsstoff ist die *Vitamin D-Vergiftung.* Zu überhöhter Vitamin D-Aufnahme und Zeichen von Vitamin D-Vergiftung kommt es nach Genuß von Nahrungsmitteln, die mit Vitamin D angereichert sind – z. B. Milch und Milchprodukte – sowie als Folge der Einnahme hoher Dosen reiner D-Vitamine im Glauben, damit einen therapeutischen Effekt nicht nur bei Rachitis, sondern auch bei Tuberkulose, Schuppenflechte, chronischen Gelenkerkrankungen und Knochenkrankheiten erzielen zu können. Zeichen von Vitamin D-Vergiftung hat man schon bei 375 bis zu 1500 I.E./Tag bei Säuglingen gesehen. Die Empfindlichkeit ist offenbar individuell sehr verschieden.

Die Häufigkeit chronischer Vitamin D-Vergiftung bei Kindern schätzt ein Kinderarzt auf 1 : 50 000. Unter dem Einfluß des Vitamin D kommt es zu intensiver Calciumaufnahme aus dem Darm und Calciumüberladung des Blutes (Hypercalcämie). Die ersten Vitamin D-Vergiftungssymptome können schon nach Wochen, aber auch erst nach Jahren einer hochdosierten Vitamin D-Behandlung auftreten: Übelkeit, Erbrechen, Verstopfung, abnormes Trinkbedürfnis, Nierenschäden. Im weiteren Verlauf kommt es zu Blutdrucksteigerung, Krämpfen, Reizbarkeit, Schlaflosigkeit und Verwirrung.

Bis zum Jahre 1954 sind 15 Fälle tödlich verlaufender Vitamin D-Vergiftungen bekannt geworden. Nach alledem kann kein Zweifel sein, daß extrem *hohe Vitamin D-Mengen gefährlich* sind. Die Vitamin D-Stoßprophylaxe ist deswegen gefährlich und heute aufgegeben. Gefährlich sind auch die bei den Amerikanern beliebten Vitamin D-Pillen. „Allein die Dosis macht, daß ein Ding kein Gift ist."

Krankheitserscheinungen von seiten des Nervensystems beherrschen das Bild der *Vergiftungen mit Fischen, Muscheln, Kephalo-*

poden, Schildkröten und anderen Meerestieren. In Japan mit seinem hohen Verzehr von Nahrungsmitteln aus dem Meer machen diese Vergiftungen 60–70% aller Nahrungsmittelvergiftungen aus. Die Sterblichkeit einer Form von Fischvergiftung, die Ciguatera-Vergiftung, liegt um 2–7%. Bei anderen Formen liegt sie über 60%! Die Entstehungsweise dieser Vergiftungen ist weitgehend ungeklärt. Es geht dabei *nicht* um Schwermetallvergiftungen, wie sie epidemisch als Folge industrieller Verunreinigungen aufgetreten sind. Die Giftigkeit von Fischen scheint mit giftigen Algen und giftigen Einzellern zusammenzuhängen, die den Fischen als Nahrung dienen. Manche Fische sind im Frühjahr am giftigsten. Als Vorbeugungsmaßnahme gelten: die Fische vor dem Kochen in mehrfach gewechseltes Salzwasser legen, Haut und Geschlechtsorgane der Fische nicht essen.

Blutkörperchenverklumpende Pflanzenstoffe (Phytohaemagglutinine) sind in rund 500 Pflanzenarten nachgewiesen worden. Am häufigsten findet man sie in jenen Hülsenfrüchten, die einem großen Teil der Erdbevölkerung als Hauptproteinquelle dienen: in *Bohnen, Erbsen, Linsen und Erdnüssen.* Da die Phytohaemagglutinine hitzeempfindlich sind, werden sie nur dann gefährlich, wenn die Hülsenfrüchte roh verspeist werden. Auf der ganzen Erde ist es jedoch üblich, Hülsenfrüchte gekocht oder fermentiert zu genießen. Wegen ihrer Fähigkeit Blutkörperchen zu verklumpen, hat man Erdnüsse als Mittel zur Blutstillung und Blutungsverhütung empfohlen.

Schwere, nicht selten tödlich endende Zustände mit Bewußtlosigkeit und Blutzuckersenkung hat man nach Genuß von Samen und unreifen Früchten des in Afrika und Westindien heimischen *Ackeebaumes* (Blighia sapida) gelegentlich beobachtet. Die giftwirksame Substanz ist eine Aminosäure.

Die *Djenkolbohne* (Pithecolobium lobatum) ist auf Sumatra und anderen ostindischen Inseln ein Volksnahrungsmittel. Gelegentlich kommt es dabei zur Ausscheidung nadelförmig scharfer Kristalle von Djenkolsäure im Harn und Blasenblutungen. „Trotz dieser unangenehmen Nebenwirkung, die ziemlich oft vorkommt, verzehren die Djenkolesser auch im nächsten Jahr wieder ihre geliebten Bohnen“ *(van Veen).*

Die Schoten und Samen der *Leucaena glauca*, eines in Mittel-und Südamerika und im fernen Osten vorkommenden Strauches, haben Haarausfall zur Folge. Giftwirksamer Inhaltsstoff ist die Aminosäure Mimosin. Wo Leucaena glauca gegessen wird, ist üblich, die Schoten und Samen zunächst bei 70° C feucht zu lagern. Biochemische Untersuchungen haben gezeigt, daß bei diesem Verfahren ein großer Teil des Mimosins zerstört wird.

Haarausfall mit Brechdurchfall und Leibschmerzen bewirken auch die Nüsse des in Venezuela heimischen *Cocodemono-Baumes.* Giftwirksam ist ebenfalls eine Aminosäure.

In Ost und West gibt es Pflanzen, mit deren Hilfe man sich in angenehme *Rauschzustände* versetzen, aber auch Leibschmerzen, Durchfälle und Krämpfe zuziehen kann. Die Europäer waren mit solchen Entdeckungen offensichtlich weniger erfolgreich als die Asiaten, Afrikaner und Amerikaner. In Deutschland kennen wir von Pflanzen dieser Art nur den Wasserschierling (Cicuta maculata), den Goldregen (Cytisus laburum), die Rauschbeere (Empitrum nigrum) der Nordseeküste und die Trunkelbeere (Vaccinium uliginosum) der Mittelgebirge und Heiden. Piper methysticum, als Kawa-Kawa auf den Pazifischen Inseln zur Herstellung eines Getränkes benutzt, das Angstzustände und Schmerzen lindern, die Wahrnehmungs- und Konzentrationsfähigkeit schärfen und die affektive Erregbarkeit dämpfen soll, findet neuerdings auch in Europa Liebhaber. *Muskatnuß,* in kleinen Mengen ein geschätztes Gewürz, macht in großen Mengen rauschähnliche Zustände.

Aus neuerer Zeit stammt die Erfahrung, daß *Amine*, eine Gruppe von Inhaltsstoffen alltäglicher Nahrungsmittel, unter dem Einfluß bestimmter Medikamente zu Giften werden können. Diese Amine kommen vor allen Dingen im *Käse* vor. Sie werden normalerweise im Magen und Darm durch ein Enzym (Monoaminooxydase = MAO) gespalten und dadurch inaktiviert. Zur Behandlung psychischer Störungen benutzt man seit einigen Jahren *MAO-Hemmer.* Man hat nun beobachtet, daß es bei Menschen, die unter der Wirkung von MAO-Hemmern stehen, 1–2 Stunden nach Käsegenuß zu Blutdrucksteigerung, Kopfschmerzen, in Einzelfällen zu tödlich endenden Hirnblutungen kommen kann: das Aminabbauende Enzym war gehemmt, die ungespaltenen Amine waren in die Blutbahn aufgenommen worden.

Reichlich Amine (Serotonin) enthält auch die *Mehlbanane* (Plantain). Sie wird in Afrika in großen Mengen verzehrt. Da bestimmte Formen von Herzkrankheiten (Endo-Myokard-Fibrose) in Afrika häufig sind und ihre Erscheinungen an Krankheitszustände erinnern, bei denen im Organismus große Mengen von Serotonin gebildet werden, liegt der Verdacht nahe, bei der Entstehung der Endo-Myocard-Fibrose könnte die Aufnahme großer Serotonin-Mengen mit der Nahrung eine Rolle spielen.

Wirksam in unerwünschtem Sinne, wirksam als Gifte, können vielleicht landesübliche *Gewürze und Gewürzkräuter* (Küchenkräuter) werden, wenn man sie in allzu großen Mengen genießt. Von solchen Wirkungen ist wohl hin und wieder die Rede. Wieweit das zu Recht geschieht, steht dahin. Planmäßig erforscht sind diese Wirkungen jedenfalls nicht. Aus ernährungsphysiologischer und diätetischer Sicht wäre eine solche Forschung dringend erwünscht.

Beim heutigen Stand des Wissens über die Gewürzwirkungen auf den gesunden und kranken Menschen (zusammenfassende Darstellung bei *Glatzel* 1968, 1982) kann es nur um einige wenige Beispiele gehen.

Paprika und Chilli verursachen starkes Brennen in Mund und Rachen (aber keine Magengeschwüre). Für *Pfeffer* gilt dasselbe. *Gewürznelken* und *Wermut* sind volkstümliche Abtreibungsmittel. *Senf* soll „dumm machen".

Die Gewürzpflanzen sind nicht nur Nahrungsmittel, sondern vielfach auch Arzneimittel. Insoweit gehört die Wirkung der Gewürze auf den menschlichen Organismus nicht in den Bereich der Ernährungsphysiologie und Diätetik, sondern in den Bereich der Pharmakologie und Toxikologie.

Giftwirksam sind viele *Pflanzen, die irrtümlich als eßbar angesehen werden.* Die Gefahr der Verwechslung ist geringer geworden, seitdem man nicht mehr Wildgemüse sammelt. Am meisten gefährdet sind Kinder. Sie erkunden fremde Dinge, indem sie sie in den Mund stecken und werden durch den Anblick von Beeren verlockt. Giftpflanzen dieser Art sind – ohne Anspruch auf Vollständigkeit –

Schöllkraut und Wolfsmilch, Goldregen, Eisenhut, Küchenschelle und Hahnenfuß. Altbekannt als Giftpflanzen sind Schierling, Kornrade, Huflattich, Taumellolch, Tollkirsche, Bilsenkraut, Stechapfel, schwarzer Nachtschatten, Faulbaum und schwarze Nieswurz. Buchweizenvergiftungen mit Hirnnervenlähmungen, Brechdurchfall und Lichtempfindlichkeit der Haut sind in den vergangenen Jahrhunderten oft vorgekommen. Dabei bleibt die Frage offen, ob es Inhaltsstoffe des Buchweizens selbst waren oder Verunreinigungen mit Stechapfelsamen.

Samen von Mohn, Kornrade und Kornblume machen Krankheitserscheinungen, wenn sie als Getreideverunreinigungen ins Brot kommen. Im Zeitalter der Pestizide gehören Vergiftungen dieser Art der Vergangenheit an. Nur in großen Mengen können Bucheckern, Sauerampfer und Ebereschenfrüchte giftwirksam werden.

„Dosis facit venenum." In diesem Sinne dienen in der Volksmedizin viele „Giftpflanzen" als *Heilmittel.* Wurmfarn vertreibt Eingeweidewürmer. Als sexuelle Stimulantien und Abtreibungsmittel gelten Rainfarn, Sadebaum, Alpenveilchen und Haselwurz, Gewürznelken und Wermut.

Nicht zu den Nahrungsmittelvergiftungen im eigentlichen Sinne gehört das Krankheitsbild des *Favismus:* Blutarmut mit hohem Fieber nach dem Genuß von frischen Bohnen der Saubohne (Vicia fava). Die Ursache des Zustandes ist ein giftwirksamer Inhaltsstoff der Bohne, der normalerweise durch ein körpereigenes Enzym zerstört und unwirksam gemacht wird. Kranken mit Favismus fehlt dieses Enzym, die Glukose-6-Phosphat-Dehydrogenase. Entscheidend für die Krankheitsentstehung ist also nicht der giftwirksame Inhaltsstoff der Bohne als solcher, sondern der angeborene *Enzymmangel.*

4.2 Schadstoffe

Verunreinigungen sind in gegebenem Rahmen giftwirksame Stoffe, die bei der Produktion oder Bearbeitung unabsichtlich in die Nahrungsmittel gelangen oder in den Nahrungsmitteln entstehen. Die folgende Darstellung erhebt nicht den Anspruch, sämtliche

Verunreinigungsmöglichkeiten aufzuführen. Sie soll nur eine Vorstellung geben von der Vielzahl der Möglichkeiten.

4.2.1 Blei

Im Sommer 1971 wurde in der Wesermarsch festgestellt: der Bleigehalt von Boden und Pflanzen ist auf das Hundertzwanzigfache der bisherigen Werte angestiegen. Im Sommer 1972: im Umkreis von 3,5 km um das *Hüttenwerk in Nordenham* mußten von Februar bis Juni 82 Rinder wegen Verdachts auf Bleivergiftung notgeschlachtet werden. Nach 2–3 Wochen Weidegang waren die ersten Vergiftungserscheinungen aufgetreten. Bestimmungen des Bleigehaltes der Haare von 1560 Kindern ergaben: je größer die Entfernung vom Wohnort zum Hüttenwerk, desto niedriger der Bleigehalt der Haare. Klinische Erscheinungen von Bleivergiftung wurden nicht festgestellt. Mit der Milch der Kühe von Weiden, die mit den bleihaltigen Abwässern des Hüttenwerkes verunreinigt waren, hatten die Kinder das Blei aufgenommen. Die Bleiaufnahme im Darm wird durch Milchzucker (Lactose) intensiviert. Ursache: Eine Filteranlage war ausgefallen; wochenlang rieselte Bleistaub auf Weiden und Wohngebiete. Um das Vierzehnfache waren die zulässigen Emissionswerte überschritten.

In der Umgebung eines *Hüttenwerkes in Goslar-Oker* wurden im Jahre 1980 überhöhte Bleiwerte der Luft und Bleiwerte oberhalb der Toleranzgrenze im Blut von Kindern nachgewiesen (Grenzwert 20 µg/Blei je ml, bei 22 von 114 Kindern Werte über 35 µg/ml). Auf den Wiesen nahe der rheinischen Stadt *Stolberg* brachen Kühe und Kälber zusammen. Im *Westerwald* war es das gleiche: „Ganz klare Bleivergiftungen" diagnostizierten die Kinderärzte. Hier war es die Schmelzanlage einer Batterien herstellenden Firma. Ähnliche Bleiquellen gibt es vermutlich auch an vielen anderen Orten der Bundesrepublik.

Die *Zeichen chronischer Bleivergiftung* sind lange bekannt (akute Bleivergiftungen kommen praktisch nicht vor): graue Verfärbung des Zahnfleisches („Bleisaum"), Mattigkeit, Magendruck, Blutarmut, Stuhlverstopfung, Zittern, Lähmungen (vor allen Dingen der Vorderarmstrecker), Sehstörungen und Gehirnschädigungen.

Tabelle 19. Bleigehalt von Futter- und Lebensmittelproben in der Nähe eines Hüttenwerks. (Aus *Diehl* 1978)

Probe	Entfernung vom Werk (km)	Bleigehalt mg/kg Trockensubstanz bzw. mg/l
Heu	1,2	157
	2,0	47
	2,5	51
	3,0	22
Normalgehalt	–	6 - 9
Entrahmte Milch	2 - 3	0,24
	15	0,25
	35	0,17
Weizen	4,5	21
Normalgehalt	–	2 - 3
Gerste	4,5	33
Normalgehalt	–	1 - 2
Rindsleber	0,7- 3	6,2-19
	3 - 6	5,9-25
	6 -12	3,0- 7,0
	12 -20	1,7- 3,5
	100	1,1- 2,3

Als Spätschäden kennt man Bluthochdruck, Schrumpfniere und „Bleigicht". Die Anfälligkeit gegen Bleivergiftung hängt vom Lebensalter ab, von der Erbanlage, vom Ernährungszustand und von der Versorgung mit Kalorien, Fetten, Vitamin D, Calcium, Zink und Eisen. Eisenmangel erhöht die Bleiaufnahme im Darm. Schwangere Frauen und kleine Kinder sind besonders anfällig. Alle Bleiverbindungen, die mit der Nahrung in den Magen gelangen, werden in Form von Bleichlorid im Darm aufgenommen. Dabei nimmt ein Organismus, der gut mit Eisen versorgt ist, weniger Blei auf als ein knapp mit Eisen versorgter und umgekehrt. Zink wirkt anscheinend im gleichen Sinne wie Eisen, indem es die Bleiaufnahme im Darm hemmt.

Giftquellen sind nicht nur Hüttenwerke und Blei verarbeitende Industrien. Giftquellen sind auch bleihaltige Treibstoffe (Bleistoffge-

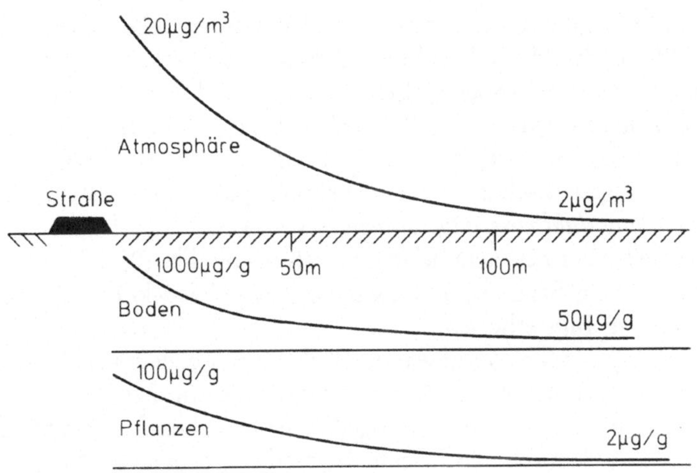

Abb. 7. Blei in Atmosphäre, Boden und Pflanzen bei verschiedenen Abständen von einer stark befahrenen Straße. (Aus *Diehl* 1978)

halt von Treibstoffen in der Bundesrepublik seit 1.1.1976 max. 0,15 g/l Benzin). Bei der Verbrennung der Treibstoffe entsteht aus dem Antiklopfmittel Blei-Tetraäthyl, das dann durch die Lunge aufgenommen wird.

„Von den in unmittelbarer *Nähe von Hauptverkehrsstraßen* wachsenden Pflanzen zeigen diejenigen mit großer Oberfläche (z. B. Gras, Spinat, Grünkohl) erheblich erhöhte Bleigehalte (Abb. 7), während von Spelzen befreite Getreidekörner, enthülste Erbsen oder unterirdisch wachsende Produkte wie Kartoffeln und Karotten nicht oder nur wenig kontaminiert sind. Die meisten Böden halten Bleiionen sehr fest. Selbst wenn der Bleigehalt des Bodens verdoppelt oder verdreifacht wird, erhöhte sich die Bleiaufnahme der darauf wachsenden Pflanzen meist nicht signifikant.

Auch der Übergang von Pflanze zum Tier ist nicht mit einer Anreicherung verbunden. In einem Versuch wurden Kühe mit Heu gefüttert, das auf dem Mittelstreifen einer Autobahn geerntet worden war und 100 mg/Blei/kg Trockengewicht enthielt, das ist das Fünfzig- bis Hundertfache des üblichen. In 5 Wochen stieg der Milchbleigehalt nur auf das 3- bis 4fache an. Verfütterung von radioaktiv markiertem Blei ergab, daß innerhalb von 6 Tagen 95%

der Dosis mit den Faeces ausgeschieden wurden, 0,2% im Urin und 0,017% in der Milch. Das Muskelfleisch nimmt sehr wenig Blei auf im Gegensatz zu Knochen, Leber und Nieren. Die *tägliche Nahrung von Erwachsenen in der BRD enthält 120 µg Blei* oder 850 µg pro Woche. Das ist *weniger als ein Drittel* der vom FAO/WHO-Sachverständigenausschuß für Lebensmittelzusatzstoffe festgesetzten *„vorläufig duldbaren Höchstmenge"* von 3 mg *(Diehl)*.

Vielleicht ist es nicht belanglos, daß Alkoholika (0,5 l Bier, 0,25 l Wein, 1 Glas Schnaps) und Zigaretten (20–40 Stück/Tag) das Bleiniveau im Blut erhöhen.

In *vergangenen Zeiten* war die Bleibelastung eher höher als heute. Berichte darüber gibt es schon aus der Antike. Im alten Rom wurde dem Wein ein in Bleikesseln eingedickter Traubensaft zugesetzt: die Sapa. Die dadurch verursachte weitverbreitete Bleivergiftung soll zum Untergang Roms beigetragen haben. Mit dem Brauch, den Wein mit Sapa nachzusüßen, kam die chronische Bleivergiftung nach Deutschland. Blei wurde bis in die Gegenwart zur Herstellung von Farbstoffen, Glasuren, Zinngefäßen und Wasserleitungsrohren benutzt. Noch in den 30er Jahren dieses Jahrhunderts kam es in einer hessischen Gemeinde zu einer Häufung von Bleivergiftungen durch bleireiches Trinkwasser. Seit 1940 soll die Bleikonzentration der irdischen Atmosphäre steil angestiegen sein; 98% des Bleigehaltes sollen aus Autoauspuffen stammen.

In der Bundesrepublik gibt es heute Gesetze, die sich auf den Bleigehalt von Gebrauchsgegenständen, Trinkwasser und Nahrungsmittel pflanzlichen Ursprunges beziehen. Als noch unschädlich gilt ein Bleigehalt im Blut von 0,35 µg/ml.

4.2.2 Quecksilber

Von 1953–1960 starben in Japan an *Quecksilbervergiftung* 45 Menschen, die Fische aus der Minamatabucht gegessen hatten. Nach Ausbruch der ersten Vergiftungserscheinungen kamen 19 Säuglinge mit den Zeichen angeborener Quecksilbervergiftung zur Welt. Unter den gleichen Erscheinungen erkrankten im Jahre 1965 22 Fischer des Agranoflusses. Fünf von ihnen starben. In beiden Fällen stammte das Quecksilber aus den Abwässern von

Fabriken landwirtschaftlicher Chemikalien. Es reicherte sich in den Fischen an, die den Fischern als tägliche Nahrung dienten. Hechte, die das Ende einer solchen Nahrungskette bilden, enthielten bis zu 3000mal soviel Quecksilber wie das Wasser.

Quecksilbervergiftungen drohen aber nicht nur den Japanern. Quecksilber ist Werkstoff in Betrieben der *elektrischen, chemischen und pharmazeutischen Industrie.* Über Abwässer gelangt es in Flüsse, Seen und Boden und damit in die Nahrungskette. Thunfischkonserven, die 1970 geprüft wurden, enthielten bis zu 1,2 mg/kg Quecksilber, in Finnland gefangene Vögel bis zu 4,8 mg/kg. Die Quecksilberverseuchung schwedischer Gewässer hat dazu geführt, daß der Verkauf von Fischen aus 40 Seen und Flüssen verboten wurde. Eine Quelle von Quecksilbervergiftungen ist auch Getreide, das als *Saatgut* mit quecksilberhaltigen Pestiziden behandelt und dann doch gegessen wird.

Quecksilberverbindungen sind in der Natur weit verbreitet. Flüssiges Quecksilber und anorganische Quecksilberverbindungen – ausgenommen das altehrwürdige Sublimat (Quecksilberchlorid, $HgCl_2$) – sind wenig giftwirksam. Gefährlich sind Quecksilberdämpfe und organische Verbindungen, die als Saatbeizmittel und Pilzvertilgungsmittel dienen.

Die chronische Quecksilbervergiftung beginnt mit Entzündung der Mundschleimhaut (Stomatitis). Die Zähne werden wacklig und fallen aus; im weiteren Verlauf kommt es zu grobschlägigem Zittern und schweren psychischen Störungen.

Auf der Grundlage vor allen Dingen der japanischen Beobachtungen, haben die FAO/WHO-Sachverständigen als *„vorläufig duldbare wöchentliche Aufnahme" 0,3 mg Quecksilber* festgesetzt.

In Schweden, wo viel Fisch mit relativ hohem Quecksilbergehalt gegessen wird, ließen sich bei 0,5 µg/ml Quecksilber im Blut keine Vergiftungszeichen nachweisen, und bei irakischen Bauern, die Brot verzehrt hatten, das aus gebeiztem Saatgut gebacken war und die damit einen Tagesverzehr von rund 40 µg Quecksilber/kg Körpergewicht erreichten – auf 70 kg Körpergewicht umgerechnet 19,6 mg/Woche –, ließen sich Vergiftungserscheinungen erst nachweisen, wenn das Blutniveau 2 µg/ml erreicht hatte.

Zur Ermittlung der *nahrungsbedingten Quecksilberbelastung* der Bevölkerung kann man den Quecksilbergehalt von Einzellebensmitteln bestimmen und mit Hilfe der amtlichen Lebensmittel-Verbrauchsstatistik die durchschnittliche Quecksilberaufnahme berechnen.

„Bemerkenswert ist, daß die Produkte mit den höchsten Quecksilberkonzentrationen – Fisch, Innereien, Wild – wegen ihres relativ geringen Pro-Kopf-Verbrauchs insgesamt nicht stärker zur Quecksilberbelastung beitragen als Kartoffeln und Frischobst. Pilze sind wegen ihres geringen Pro-Kopf-Verbrauchs in der Tabelle nicht genannt. Sie sind jedoch im Quecksilbergehalt den Fischen vergleichbar. Offensichtlich haben Pilze die Fähigkeit ... Quecksilberverbindungen zu akkumulieren."

Die jährliche Gesamtaufnahme von 2,75 mg bedeutet eine wöchentliche Aufnahme von 0,052 mg – also nur etwa *ein Sechstel des von FAO/WHO als tolerierbar betrachteten Wertes* von 0,3 Gesamt-Quecksilber. Selbst bei einem Jahresverzehr von 10 kg Thunfisch, 20 kg sonstigem Fisch und 10 kg Speisepilzen würde dieser Wert nicht überschritten. In anderen Ländern durchgeführte Untersuchungen führten zu ähnlichen Ergebnissen. Dabei wurde die Quecksilberaufnahme zum Teil nicht über den Verbrauch an Einzellebensmitteln berechnet, sondern an Gesamtnahrung bestimmt, wie sie in Krankenhäusern, Heimschulen, Kasernen etc. verabreicht wird. Eine 1973 in Großbritannien durchgeführte „Total Diet Study" z. B. ergab eine Gesamt-Quecksilber-Aufnahme von 0,035–0,070 mg/Woche *(Diehl)*.

4.2.3 Cadmium

Blei- und Quecksilbervergiftungen kennen die Ärzte seit Jahrhunderten. Erst neuerdings ist Cadmium als Ursache von *Vergiftungen größeren Ausmaßes* entdeckt worden.

In der Natur kommt Cadmium als Cadmiumblende und in Zink-, Kupfer- und Bleierzen vor, als unerwünschter Inhaltsstoff auch in Abwässern, Klärschlamm, Flußablagerungen, Abluft und Phosphatdünger.

Zwischen 1939 und 1945 erkrankten in Japan 200 Menschen mit starken Knochen- und Gelenkschmerzen und häufig tödlichem Ausgang an der *Itai-Itai-Krankheit* (Aua-Aua-Krankheit). Sie wohnten an einem Fluß, in den die Abwässer einer Blei-Cadmium-

Grube geleitet und dessen Wasser zum Bewässern von Reisfeldern benutzt wurde. Ob das Cadmium tatsächlich in der Genese dieser Zustände die entscheidende Rolle spielte – seit 1955 sind keine neuen Fälle mehr aufgetreten – ist bis heute ungeklärt.

Die Giftwirksamkeit des Cadmium hängt von vielerlei Faktoren ab: von Alter, Geschlecht, Zink-, Kupfer- und Bleigehalt der Nahrung u. a. mehr und läßt sich in ihrer Entstehungsweise beim heutigen Stand des Wissens nur unvollkommen erklären. Ein der Itai-Itai-Krankheit ähnliches Zustandsbild konnte bei Tieren nicht nachgewiesen werden. Bei Ratten soll Cadmium das fetale Wachstum hemmen (indirekt über Zinkmangel?), vielleicht infolge unzureichender Nahrungsaufnahme der Muttertiere. Auffallend ist, daß nach 1955 keine neunen Fälle von Itai-Itai-Krankheit bekannt geworden sind.

Nahrungsmittel tierischer Herkunft, in denen Cadmium nachgewiesen worden ist, sind Nieren und Muskelfleisch, Muscheln und Krabben (0,01–1,0 mg/kg). Nahrungsmittel pflanzlichen Ursprungs enthalten durchweg weniger als 0,03 mg/kg. An anderer Stelle wurde schon auf den relativ hohen Cadmiumgehalt der *Getreidekleie*, der „Ballaststoffe", hingewiesen. *Speisepilze* (Schaf- und Anischampignon) können mit Cadmium verunreinigt sein. Wegen der großen Schwankungsbreite des Cadmiumgehaltes der Nahrungsmittel läßt sich die Höhe der *Cadmiumaufnahme mit der Nahrung* nur abschätzen (0.10–0.42 mg/Woche). In dem für die Bundesrepublik genannten Wert von 0,48 mg sieht *Diehl* einen „zweifellos zu hoch geschätzten Wert".

Sicher ist, daß Cadmium mit *Trinkwasser, Abwasser, Abluft* und *Zigarettenrauch* aufgenommen werden kann. Es ist deshalb nicht belanglos, wenn in 15 m Abstand von einem Cadmium verarbeitenden Industriewerk der Cadmiumgehalt des Bodens 100mal so hoch liegt wie in 90 m Entfernung.

Mit hohen Unsicherheitsfaktoren behaftet ist die Angabe der WHO von 0,47–0,58 mg. Es sind insbesondere alle Rechenmodelle, die die Cadmiumbelastung der Bevölkerung angeben, so fragwürdig, daß daraus keine praktischen Konsequenzen gezogen werden können.

„Mit einer nahrungsbedingten Cadmiumaufnahme von 0,21–0,42 mg/Woche, d. h. 30–60 μg/Tag, liegen wir in der Bundesrepublik zum Glück recht weit von diesen Werten. Die Unterstellung, es gäbe in der Bundesrepublik 10000–100000 Nierengeschädigte durch Cadmiumkontamination der Umwelt, erscheint mir daher ganz und gar unwahrscheinlich" *(Diehl)*.

4.2.4 Arsen

Zur *Bekämpfung von Ratten, Mäusen und Insektenschädlingen* dienen arsenhaltige Mittel seit langer Zeit. Sie werden auch heute noch eingesetzt. Daß dabei nicht selten Vergiftungen vorkamen, vor allen Dingen bei den Weingärtnern, die in großen Mengen ihren arsenhaltigen „Haustrunk" zu sich nahmen, ist nicht überraschend. Der „Haustrunk" ist die zweite Auspressung der bereits gekelterten Trauben mit Zuckerwasser. Er enthält bis zu 10 mg Arsen/Liter. Die Zeichen chronischer Arsenvergiftung sind Verfärbung der Haut (Melanose) und der Schleimhäute, Haut- und Bronchialkrebs.

Gezielt wird Arsen in *Kampfstoffen* eingesetzt. Bei den blutschädigenden Kampfmitteln, die die Zellatmung erschweren, sind Arsenverbindungen (neben Blausäure) die hauptsächlich wirksamen Bestandteile.

Als Mittel zur *Vergiftung* mißliebiger Zeitgenossen ist Arsen seit Jahrhunderten, vielleicht seit Jahrtausenden, gebräuchlich. In kleinen Mengen über lange Zeit der täglichen Nahrung zugesetzt, wird es geschmacklich nicht wahrgenommen. Von vielen Prominenten aller Zeiten wird gesagt, sie seien mit Arsen vergiftet worden. Einer von diesen war anscheinend Napoleon I.

Organische Arsenpräparate sind wirkungsstarke *Mittel gegen Krankheitserreger. Robert Koch* benutzte bei seiner Afrika-Reise das Natriumsalz einer Arsenilsäure als Mittel gegen die Schlafkrankheit, und bei systematischer Prüfung organischer Arsenverbindungen entdeckte *Paul Ehrlich* das Salvarsan. „Arsenikesser" waren früher vielfach Bergsteiger, weil nach regelmäßiger Einnahme kleiner Arsendosen eine vorübergehende *körperliche Kräftigung* eintreten soll.

Durch die *Höchstmengenverordnung* „Pflanzenschutz pflanzlicher Lebensmittel" vom 5.6.1973 wurde festgesetzt, daß in der BRD in oder auf Lebensmitteln pflanzlicher Herkunft keine arsenhaltigen Pflanzenschutzmittel vorkommen dürfen. Bei der Berechnung des Arsengehaltes der menschlichen Nahrung „spielt eine große Rolle, einen wie hohen Verzehr von Meerestieren man annimmt, da in diesen die höchsten Arsengehalte vorkommen. Austern können bis zu 10, Hummer bis 70, Muscheln bis 120 und Garnelen bis 170 mg Arsen/kg enthalten. Im Säugetierorganismus wird Arsen kaum gespeichert. Schweinefleisch enthält im Mittel 0,05, Rindfleisch 0,02 und Kalbfleisch weniger als 0,01 mg/kg, Gemüse, Cerealien und Kartoffeln um 0,05 mg/kg. Es handelt sich dabei um Konzentrationen, die auf das weitverbreitete natürliche Vorkommen von Arsen in der Erdkruste zurückzuführen sind. Es gibt Quellwässer, die bis zu 14 mg Arsen/l enthalten" *(Diehl)*.

4.2.5 Schadstoffe in Gewässern und Müll

Quellen von vielerlei Schadstoffen sind Gewässer und Müll. Die Schadstoffe stammen aus Industriewerken, gewerblichen Betrieben, Haushaltungen und Schiffahrt.

Ein Beispiel für viele ist die *Elbe bei Hamburg*. Neben Ölverschmutzungen sind es Cadmium, Quecksilber, wahrscheinlich auch Blei, Kupfer, Zink, Chrom, Arsen und Nickel. In einem Gutachten vom Jahre 1980 wird gesagt, Beachtung erforderten vor allen Dingen die sehr hohen Cadmiumkonzentrationen in Miesmuscheln und die hohen Bleikonzentrationen in Miesmuscheln und Fischen. „Aus dem hochbelasteten Elbabschnitt oberhalb von Hamburg stammende Brassen weisen deutlich höhere Quecksilbergehalte auf als die aus der Unterelbe stammenden Fische ... An den Stationen Altengamme, Lauenburg und Bleckede lag im Mittel die Quecksilberkonzentration über 1000 µg/kg Frischgewicht." Nach der Verordnung über Quecksilber dürfen aber Fische mit mehr als 1000 µg/kg Quecksilber nicht in den Verkehr gebracht werden. Die Richtwerte für Cadmium und Blei wurden dagegen in keinem Fall überschritten.

Der Chemiekonzern ‚Dow Chemical' in Stade leitet „ca. 2 Tonnen chlorierte Kohlenwasserstoffe pro Tag" in den Fluß. „Nach jüngsten Untersuchungen enthielten 46% der Elbaale mehr hochgiftiges Quecksilber als nach deutschen Gesundheitsrichtlinien erlaubt. 91 Prozent der Aale und 100 Prozent aller sonstigen Fischarten, etwa Barsch, Brasse, Plötze, Zander und Stint weisen unzulässig hohe Anteile der Pestizide Hexachlorcyclohexan (HCH) und Hexachlorbencol (HCB) auf. Alarmiert hat Umweltexperten vor allem, daß die HCH- und HCB-Höchstwerte (0,5 Milligramm pro Kilogramm Fischfett) bei 27 bzw. 93 Prozent aller Fische sogar um das Zehnfache und mehr überschritten wurden – ein beispielloser umweltpolitischer Skandal, zumal diese Gifte zu den hochgefährlichen chlorierten Kohlenwasserstoffen zählen. Den Experten des Berliner Umweltbundesamtes gilt ein „Entsorgungsgrad von über 99 Prozent als erreichbar" (Umwelt Bi de Büx).

Immer noch gelten *Flüsse und Meer als Müllgrube für Abfälle* aller Art, vor allen Dingen für Stoffe, deren ordnungsgemäße Beseitigung schwierig und kostspielig ist (Mineralsäuren, Schwermetallsalze, Detergentien u. a.). Diese Stoffe werden entweder unmittelbar in Flüsse und Meer geleitet oder von Spezialschiffen aus auf hoher See versenkt. Die Folgen sind Verunreinigungen der Küsten und Bedrohung oder Vernichtung vieler Meereslebewesen.

Müll kann man beseitigen durch Ablagerung in sachgemäß geordneten Deponien, durch Verbrennung, durch Wiederverwertung, durch Kompostierung und durch Aufbereitung des Klärschlammes (Klärschlamm ist das Produkt der Abwasserreinigung mit einem Wassergehalt von 98%). Nach einer Mitteilung des Statistischen Bundesamtes waren in der BRD Anfang 1975 in Betrieb: 4415 Deponien, 48 Müllverbrennungsanlagen und 24 Kompostwerke. Wieviele von den 4415 Deponien sachgerecht gebaut waren, wird nicht gesagt. Mit der Kompostverwertung kommen unbekannte Mengen von Benzpyren, Quecksilber und Blei auf die Felder, die sich dann in den Nutzpflanzen möglicherweise anreichern. Klärschlamm enthält eine bunte Fülle von Krankheitserregern, Bakterien und Parasiteneier, vor allen Dingen, wenn er aus Massentierhaltungen kommt. An gesetzlichen Bestimmungen zur Abfallbeseitigung fehlt es in der Bundesrepublik nicht. Was fehlt ist die korrekte Durchführung.

Die *gesundheitlichen Gefahren, die vom Müll ausgehen,* sind unübersehbar und abhängig von der Art des Mülls. Gefährlich für Menschen und Tiere sind vor allen Dingen die etwa 50 000 wilden Müllplätze. Wasserlösliche Stoffe können hier durch Niederschläge ausgewaschen werden und dann Grundwasser und Oberflächenwasser verseuchen.

Man schätzt, daß sich das Müllvolumen alle 10 Jahre, das Müllgewicht alle 20 Jahre verdoppelt.

Verunreinigungen der Nahrungsmittel mit *Antimon, Chrom, Nickel, Vanadium, Zinn, Kobalt, Kupfer, Mangan, Selen und Zink* fallen praktisch nicht ins Gewicht (nach Angaben der National Academy of Sciences USA 1978). Cadmium-Vergiftungen mit der Nahrung kommen bei uns so gut wie nicht vor. Das alltäglich aufgenommene Cadmium stammt aus den Abwässern, aus Abfällen der Industrie, aus Gewerbe und aus Haushalt.

Es ist auch ganz unwahrscheinlich, daß *Radionuclide* in den Nahrungsmitteln eine gesundheitliche Beeinträchtigung zur Folge haben.

4.3 Mineraldünger

Das Thema Mineraldüngung ist mit vielen Emotionen belastet. Der Gedanke, anorganische Stickstoffverbindungen anstelle von Stallmist auf die Felder zu bringen, stammt von dem Chemiker *Justus Liebig* (1803–1873).

Der planmäßige Einsatz anorganischer stickstoff-, kalium- und phosphorhaltiger Düngemittel hat dann, zusammen mit gezielter Züchtung, die *Erträge auf ein Vielfaches erhöht* (Abb. 8). So ließ sich z. B. der Ertrag einer Weizensorte durch Stickstoffdüngung von 140 auf 220 kg/ha steigern. Dabei stieg nicht nur der Ertrag, es stieg auch der *Proteingehalt* des Weizens von 13,8 auf 15,3 g/100 g. In einem anderen Fall stieg der Ertrag bei Stickstoffdüngung von 75 auf 175 kg/ha, der Vitamin B_1-Gehalt von 35,6 auf 41,1 µg/kg, in einem noch anderen Fall von 42,0 auf 46,1 µg/kg. Eine Steigerung des Proteingehaltes im Weizen um 4% bewirkte auch die Düngung mit Kali (K_2O). Bei Kartoffeln stieg in einem Versuch mit Stickstoff- und Kalidüngung der Proteingehalt um rund 2,0/100 g.

Es fragt sich, ob mit solchen Steigerungen von Ertragsmenge und Inhaltsstoffen *Qualitätseinbußen* der Erzeugnisse verbunden sind.

In vergleichenden Untersuchungen an Säuglingen und erwachsenen Menschen, die verschieden gedüngtes Gemüse bekamen – mit Stallmist und Mineraldünger oder mit Mineraldünger allein –,

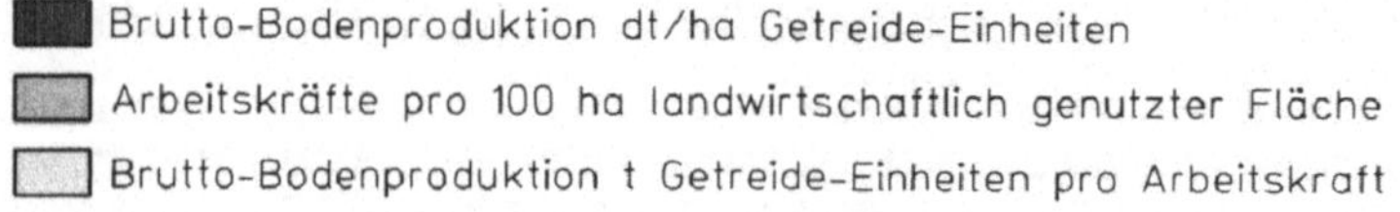

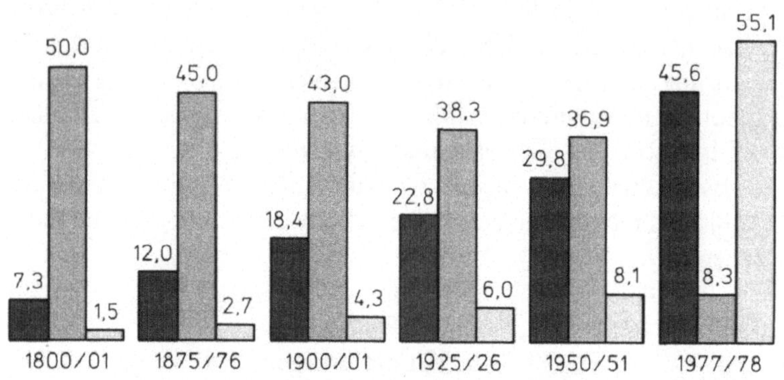

Abb. 8. Die Entwicklung der Brutto-Bodenproduktion in Deutschland. (Aus *Buchner* 1982)

ließen sich keine Unterschiede in Leistungsfähigkeit, Gewichtszunahme und Widerstandsfähigkeit gegen Infektionen erkennen. Säuglinge und junge Menschen, die Gemüse von *allein stallmistgedüngten* Parzellen bekommen hatten, hatten niedrigeres Vitamin A- und Vitamin C-Niveau im Blut, weniger rote Blutkörperchen und weniger Eisen im Blut; sie nahmen weniger an Gewicht zu und waren infektionsanfälliger als Säuglinge und junge Menschen, die *stallmist- und mineralgedüngtes* Gemüse bekommen hatten.

Giftwirksam werden können hohe Stickstoffdüngergaben in jeder Form – als Mineraldüngung, als Stallmistdüngung, als Kompostdüngung –, wenn sie *hohe Nitratgehalte* der Produkte zur Folge haben. Andere Giftwirkungen mineralischer Düngung sind bisher nicht nachgewiesen worden. Mittelbar kann sich Überdüngung in unerwünschter Weise dahin auswirken, daß sie die *Anfälligkeit* gegenüber Krankheiten und Schädlingen erhöht und dann den Einsatz großer Mengen von Pflanzenschutzmitteln zur Folge hat.

Der Stickstoff, den die Pflanzen aus anorganisch aber auch aus organisch gedüngtem Boden in Form von *Nitrat* aufnehmen und speichern, kann im Magen-Darm-Kanal des Säuglings durch Bakterien in *Nitrit* umgewandelt und als solches in das Blut aufgenommen werden. Das aufgenommene Nitrit führt im ersten Lebensquartal zur Bildung einer krankhaften Form des roten Blutfarbstoffs: Hämoglobin wird zu *Methämoglobin.* Außerdem sind die Enzymsysteme, die die Funktionen des Hämoglobins steuern, beim Säugling weniger wirksam als beim Erwachsenen. So kann es beim Säugling als Folge des hohen Nitratgehaltes seiner Nahrung zur Methämoglobinentwicklung kommen mit schweren, unter Umständen tödlichen Vergiftungserscheinungen: bläulicher und gelblicher Haut, Kopfschmerzen, Schwindel, Benommenheit.

Die Vergiftungsgefahr wächst, wenn nitratreiches Gemüse länger als 1 Tag lang aufbewahrt wird. Spinat soll deshalb nicht mit Stickstoff überdüngt (optimal 80 kg Stickstoff je ha), tischfertiger Spinat nicht bei Zimmertemperatur aufbewahrt werden. Kinderärzte raten, in den ersten 3 Monaten dem Säugling vorsichtshalber überhaupt keinen Spinat zu geben. Erwachsene sind sehr viel weniger empfindlich als Säuglinge.

Zu Methämoglobinvergiftung kann beim jungen Säugling auch nitratreiches *Trinkwasser* führen. Die bundesdeutsche Trinkwasserversorgung erlaubt 90 mg Nitrat je Liter Wasser, die EG-Norm 50 mg. In vielen Gemeinden der Bundesrepublik liegen die Nitratwerte aber sehr viel höher.

Man darf diese gesundheitlichen Gefahren nicht vergessen, wenn man aus landwirtschaftlicher Sicht die Höhe der Stickstoffdüngung diskutiert. Es sind „*organische stickstoffenthaltende Dünger* wie Mist, Jauche und Gülle als sehr viel problematischer einzustufen, da die ‚Naturprodukte' sehr oft nicht gezielt zum Bedarfszeitpunkt der Kulturpflanzen eingesetzt werden können. Im Herbst und Winter aufgebrachte organische Düngemittel belasten den Wasserhaushalt ungleich stärker als gezielte, aufgeteilte *Kunstdüngergaben,* die dem Standort, der Pflanzen und dem akuten Wachstum angepaßt werden können" *(v. Stetten).*

1910 mußte Westeuropa mit einer Bevölkerung von 232 Mill. Menschen 18,9 Mill. Tonnen *Getreide importieren* (Weizen für Brotbedarf, Gerste und Mais). 1970 war der Nettoimport bei einer Bevölkerung von 340 Mill. auf 11,8 Mill. Tonnen zurückgegangen. Da heute der Verbrauch tierischer Produkte größer ist als 1910 und zur Erzeugung jeweils *einer* Kalorie in Form tierischer Produkte 3 bis 9 Kal. in Form verfütterter pflanzlicher Produkte benötigt werden, sind die tatsächlich *erzielten Erfolge* größer als die genannten Zahlen auf den ersten Blick vermuten lassen.

Die gegenwärtige Jahresproduktion an stickstoffhaltigem Dünger wird mit 27 Mill. Tonnen angegeben, die Menge, die nötig ist, um die Erdbevölkerung der Jahrtausendwende ausreichend zu ernähren, mit 90–95 Mill. Tonnen.

Die *Anwendung von mineralischen Düngemitteln* ermöglichte nicht nur die Erträge zu erhöhen. Es konnte als Folge der Ertragssteigerung je Flächeneinheit die gesamte Nutzfläche verkleinert werden. Nur 7% der benötigten Stickstoffmenge – so wurde errechnet – könnten, wenn die landwirtschaftliche Produktion auf dem gegenwärtigen Stand gehalten werden soll, durch Nutzung des gesamten Klärschlammes und aller Siedlungsabfälle in der Landwirtschaft gedeckt werden.

Die Behauptung der Vertreter *alternativer* landwirtschaftlicher Anbauverfahren, ihre Produkte seien den Produkten der traditionellen Anbauverfahren qualitativ überlegen, sind unbewiesen (s. S. 121).

Im allgemeinen haben Düngemittel auf die *Qualität* der produzierten Nahrungsmittel wenig Einfluß.

Hohe Stickstoffgaben sowohl in Gestalt von Mineraldünger wie auch in Gestalt von Stallmist und Kompost können jedoch nicht nur den Proteingehalt der Pflanzen heben. Hohe Stickstoffgaben können bei Pflanzen, deren Blätter verzehrt werden, aber auch unerwünschte Auswirkungen haben: Erhöhung des Nitratgehaltes, höhere Anfälligkeit der Pflanzen gegen Schädlinge und Krankheiten, stärkere Lagerneigung bei Getreide, Verringerung der Lagerfähigkeit und Kochqualität bei Kartoffeln, Erhöhung des Nitratgehaltes im Trinkwasser (über 90 mg Nitrat je l).

Die *Brutto-Bodenproduktion in Deutschland* betrug 1800/01 7,3, 1977/78 45,6 dt/ha Getreide-Einheiten mit 50,0 und 8,3 Arbeitskräften je 100 ha genutzter Fläche. Experten schätzen, daß von den Mehrerträgen rd. 50% auf die Düngung zurückzuführen sind.

Von der *anderen Seite dieser Erfolge* spricht man nicht gerne. Nur die unrationellen Produktionsverfahren der sowjetischen Landwirtschaft verhindern, daß die Landwirte in den Vereinigten Staaten von

Amerika jedes Jahr auf Millionen Tonnen Getreide sitzenbleiben, die ihnen sonst niemand abnimmt. Die hungernden Millionen in der Dritten Welt können sie ja nicht kaufen. Hunderttausende von Tonnen Gemüse und Obst werden jedes Jahr allein im EG-Bereich vernichtet, weil niemand sie haben will. Ungezählte Hektoliter Wein läßt man aus den gleichen Gründen auf die Straße laufen. „Der Butterberg und die Milchschwemme in der EG haben nach Angaben der Arbeitsgemeinschaft der Verbraucher (AgV) seit 1978 rund 50 Milliarden Mark gekostet. Die Verbraucherorganisation berichtete gestern, die deutschen Steuerzahler hätten von diesen Kosten für überschüssige Erzeugung rund 15 Milliarden Mark tragen müssen. Hinzu seien weitere vier bis fünf Milliarden für die nationale Unterstützung der Milchwirtschaft zu rechnen. Die Organisation bezifferte die unverkäuflichen Bestände in den Kühlhäusern der EG auf derzeit mehr als 300 000 Tonnen Butter und über 500 000 Tonnen Magermilchpulver im Gesamtwert von 4,5 Milliarden Mark" (dpa-Meldung, Bonn, vom 18.8.1982). „Vernunft wird Unsinn, Wohltat, Plage."

4.4 Pestizide

Im Verlauf der Entwicklung „verlagerten sich die Methoden *vom mechanischen zum chemischen Pflanzenschutz.* Dies ist weder dem Pflanzenbau schlecht bekommen, noch der bäuerlichen Bevölkerung, weder der Umwelt *noch dem Verbraucher*".

Keine Rückstände von Pestiziden durch Nichtbehandlung bedeutet noch nicht gesunde Nahrung. Man kann nicht „fleckiges Obst und Gemüse, also von Krankheiten befallene Produkte, als besonders gesund empfehlen. Von der mangelhaften Haltbarkeit einmal abgesehen, bedeutet jedes Wurmloch mit Fäulnis im Gefolge und jeder Fleck Gefahr für die Gesundheit. Über Pflanzenschutzrückstände wissen wir eine Menge, über die Abbauprodukte der meisten Pilze auf Kulturpflanzen, den sog. Mykotoxinen, leider aber noch zu wenig". Ohne Pestizide erzeugte Produkte werden teuer sein, „denn bei reduzierter Düngung und unterlassenem Pflanzenschutz treten automatisch erhöhte Ertragsausfälle ein, die in Sonderkulturen bis zum Totalverlust führen können, während sie in Ackerkulturen normalerweise 20–30% erreichen" *(v. Stetten).*

Pestizid – „Stummer Frühling“ *(R. Carson)* – „Vergiftetes Paradies“. Wer auf der Höhe der Zeit ist, ist gegen Pestizide: *gegen chemische Pflanzenbehandlungsmittel.*

Die *Pestizide*, die Pflanzenschutz- und Schädlingsbekämpfungsmittel dienen der Bekämpfung von Krankheiten und Schädlingen, die unmittelbar oder mittelbar (als Überträger) die Saaten, die wachsenden Kulturen von Nutzpflanzen und die lagernden Erntevorräte schädigen oder vernichten. Schadorganismen sind tierische Schädlinge, pflanzliche Schädlinge, insbesondere Unkräuter, parasitäre höhere Pflanzen sowie schädliche Moose, Algen, Flechten und Pilze, schädliche Mikroorganismen einschließlich schädigender Bakterien und Viren in allen Entwicklungsstufen.

Zu den Pflanzenschutzmitteln zählen auch Stoffe zur Beschleunigung der Reife, zur Verhinderung des Abfallens von Früchten, zur Hemmung von Auskeimen. Als Kontakt-, Fraß- oder Inhalationsgifte werden sie gezielt wirksam und nach ihrer Wirkung gegen spezielle pflanzliche und tierische Schädlinge gekennzeichnet als Herbizide, Insektizide, Askarizide, Molluskizide, Fungizide.

„Die Kontamination der verschiedenen Lebensmittel pflanzlicher Herkunft, Obst, Gemüse, Südfrüchte, Getreide, Kakao, Tee, erfolgt zunächst einmal durch direkte, unmittelbare Behandlung der Kulturen oder der als Lebensmittel verwendeten Teile. Viele Pestizide verbleiben nicht nur auf der Oberfläche der behandelten Pflanzen, sondern wandern auch in das Blattinnere – zeigen also eine gewisse Tiefenwirkung – oder besitzen gar eine systemische Wirkung, d. h. sie werden von den oberirdischen Pflanzenteilen oder der Wurzel aufgenommen und aktiv im Gefäßsystem oder/und von Zelle zu Zelle über die ganze Pflanze verteilt.

Das direkte Aufbringen kann auch durch eine Vorratsschutzmaßnahme bedingt sein: Lagerbehandlung von Obst und Gemüse (Kraut) mit Fungiziden, des Getreides in Silos, Mühlen oder während des Schifftransportes (australischer Hafer, kanadischer Weizen) mit Insektiziden.

Daneben ist aber auch mit einer indirekten, mittelbaren Kontaminierung zu rechnen: Abdrift bei Behandlung von Nachbarkulturen bei ungünstiger Witterungslage oder bei Flugzeugausbringung, Abtropfen der Spritzbrühe bei Unterkulturen, z. B. bei Obstplantagen oder in Weinbergen (Tomaten); Speicherung von Pestiziden im Boden nach Bodenbehandlung und Aufnahme durch Folgekulturen, sei es über die Wurzel, sei es über die Dampfphase. „Die Pestizid-Rückstandsanalytik gehört zu den Gebieten, bei denen der enorme Fortschritt der physikalisch-chemischen Analytik der letzten 10 Jahre am deutlichsten zum Ausdruck kommt. So stehen für die Rückstandsbestimmung heute Geräte zur Verfügung, die es gestatten, einzelne Wirkstoffmengen bis in den Nano-Gramm-Bereich (10^{-9} g), teilweise sogar bis zum Pico-Gramm-Bereich (10^{-12} g) hinab noch sicher zu bestimmen“ *(Berg)*.

Viele von diesen Stoffen wirken als Gifte auf den menschlichen Organismus, wenn sie durch den Mund, durch die Atmungsorgane oder durch die Haut aufgenommen werden. Arbeit in warmer Umwelt erhöht die Aufnahmemenge, Frauen, Kinder und alte Menschen sind empfindlicher.

Am *Beispiel des DDT* (Dichlor-diphenyl-trichloräthan), des populärsten Pestizides, wenn man so sagen darf, läßt sich die Situation deutlich machen. Auf der einen Seite sind rund 150 Insektenarten DDT-unempfindlich geworden, auf der anderen Seite hat es bei höheren Tieren schwere Störungen zur Folge: hohe Sterblichkeit der Ungeborenen bzw. der Unausgeschlüpften, Störungen des Kalkstoffwechsels und schlechte Eischalenbildung, Störungen der Sexual- und Hirnfunktionen u. a. m. Wie DDT werden auch andere als Pestizide benutzte chlorierte Kohlenwasserstoffe im Fettgewebe von Mensch und Tier gespeichert und erst im Laufe von Jahren und Jahrzehnten abgebaut. Vom mütterlichen Organismus geht DDT über die Plazenta und die Milch auf das Kind über. In vielen Ländern ist DDT deshalb verboten worden. Auf der anderen Seite muß man aber feststellen, daß bis heute keine Beweise dafür vorliegen, daß jemals ein Mensch durch DDT gesundheitlich geschädigt worden ist. „Die von DDT gezeigte Unschädlichkeit für den Menschen ist wahrhaft bemerkenswert“ *(Anonym* 1971).

Die DDT-Verbote sind vor allem aus ökologischen Gründen erlassen worden: es ist das Aussterben einiger Tierarten, besonders von Raubvögeln. Gewichtiger als für die europäischen Länder sind DDT-Verbote für Tropenländer. „Wo früher Malaria und Schlafkrankheit, Fleckfieber, Gelbfieber und andere Seuchen grassierten, weiß man, daß keine Chemikalie mehr Leben gerettet, mehr Krankheit und Leid vermieden hat als DDT ... In Sri Lanka, wo das Anti-

Malaria-Programm zu einem fast vollständigen Verschwinden dieser Krankheit geführt hatte (1936 nur 17 Erkrankungen), wurden nach Einstellung der DDT-Maßnahmen innerhalb von 5 Jahren wieder 2,5 Millionen Malaria-Erkrankungen pro Jahr gemeldet (*Anonym* 1974).

Viel Unruhe hat ausgelöst, daß in Frauenmilch der Gehalt chlorierter Kohlenwasserstoffe 10 bis 20mal so hoch ist wie in Kuhmilch. Es gibt aber keine einwandfreien Beobachtungen der Art, daß brustgestillte Säuglinge mit ihrer höheren DDT-Aufnahme weniger gesund sind als Flaschenkinder. Der vom US-Präsidenten eingesetzte „Presidents Council on Environmental Quality" stellte 1972 fest: „Es gibt keine überzeugenden Hinweise darauf, daß Pestizid-Konzentrationen, wie sie in der Umwelt gefunden werden – oder selbst Dosen, die um ein Mehrfaches über der normalen Belastung liegen –, eine Zunahme irgendwelcher Krankheiten oder Gebrechen verursachen."

Im Zusammenhang mit der Ernährung geht es nicht nur um die Gefährdung bei der *Anwendung*, sondern vor allen Dingen um die Gefahr chronischer Vergiftungen durch *Aufnahme* von Pestiziden, die in rohen oder zubereiteten Nahrungsmitteln zurückgeblieben sind (Residuen).

Von keinem der gebräuchlichen Pestizide läßt sich mit Sicherheit sagen, daß es eine Dosis gibt, bei der Dauerschäden mit Sicherheit ausgeschlossen sind. Die Bestimmung der Toleranzwerte, d. h. der Höchstmengen, die Schutz vor Schädigung garantieren sollen, geschehen auf der Grundlage tierexperimenteller Untersuchungsbefunde. „Aus der im Tierversuch ermittelten Grenzkonzentration der Unwirksamkeit wird (durch Einbeziehung des Sicherheitsfaktors von meist 100) die toxikologisch duldbare Konzentration errechnet und danach in Art eines Kompromisses zwischen Ernährungswirtschaft und Ernährungsphysiologie ein *Toleranzwert* festgelegt" *(Klimmer)*.

Das Hauptproblem bei der Beurteilung und Bewertung der Pestizid-Rückstände ist die Frage, welche Auswirkungen haben die vom Menschen mit der Nahrung aufgenommenen *Rückstandsmengen* im Zusammenspiel mit den übrigen verzehrten *Lebensmittelzusatzstoffen* (z. B. Farbstoffen, Konservierungsmitteln, Oberflächenbehandlungsmitteln) und den *Verunreinigungen* (toxische Spurenelemente, Mykotoxine, Umweltchemikalien) auf die menschliche Gesundheit. Da diese Frage gegenwärtig durch die Toxikologie nicht beantwortet werden kann, kann das Bestreben aller nur sein, die jeweiligen Kontaminationen auf allen Gebieten so gering wie möglich zu halten. „Angesichts der Ernteverluste und der Ernährungslage in der Welt ist die Antwort leicht zu geben. Insgesamt ergibt sich ein Ernteverlust in der Welt von 35%. Diese 35% setzen sich zusammen aus 14% Verlust durch Schädlinge, 12% durch Pflanzenkrankheiten und 9% durch Unkraut" *(Berg).*

Die in der BRD geltenden lebensmittelrechtlichen Regelungen hat *Berg* zusammengestellt. „Bei der Unübersichtlichkeit der Verhältnisse kommt durch die schematische Errechnung der Toleranzwerte ein falsches Gefühl der Sicherheit aber auch der Gefährdungsmöglichkeit auf" *(Bär).* Ein Bild *aus der Praxis* gibt der *Jahresbericht der Chemischen Landesuntersuchungsanstalt Stuttgart* vom Jahre 1975. Er stellte fest, „daß bei Obst bei Inlanderzeugnissen kaum Höchstüberschreitungen festzustellen waren. Bei Gemüse ist der Anstieg der Proben aus dem Inland mit Rückständen und mit Höchstmengenüberschreitungen vor allem auf Hexachlorbenzol in Ackersalat, Kresse und Petersilie zurückzuführen... Die Höchstmengenüberschreitungen bei importiertem Gemüse sind im Vergleich zum Vorjahr erheblich abgesunken (1974: 27%, 1975: 6%). Pflanzliche Lebensmittel (ohne Zitrusfrüchte), die als ‚naturrein', ‚Bio-Erzeugnis', ‚Demeter-Erzeugnis', ‚ohne schädliche Rückstände' oder ähnlich bezeichnet waren, enthielten trotzdem nicht selten Rückstände".

Gift in der Nahrung! Wir brauchen chemische Pestizide, weil die Möglichkeiten einer biologischen Schädlingsbekämpfung mit sterilisierten Männchen, mit Lockfallen und Sexualstoffen, mit Raubinsekten und Raubmilben eng begrenzt sind. Die Kontamination von Nahrungsmitteln mit Pestiziden ist eine Tatsache, die wir als gegeben hinnehmen müssen.

4.5 Arzneimittel

Die *Nutztierhaltung* benutzt vielerlei pharmakologisch und möglicherweise toxisch wirksame Stoffe zur Beseitigung und Verhütung von Krankheiten und zur Verbesserung der Futterverwertung. Die tierischen Produkte, die als Nahrungsmittel dienen, müssen deshalb auf Reste von Stoffen geprüft werden, die einzeln oder in ihrer Gesamtheit beim Verbraucher unerwünschte Folgen haben können.

Die Stoffe dieser Art gehören in die Gruppen der Antibiotika, der Hormone, der Psychopharmaka und der Mittel gegen Parasiten. Die chemischen Strukturen dieser Mittel hat *Berg* zusammengestellt. In diesem Bereich decken sich die Interessen der Produzenten nicht immer mit den Interessen der Verbraucher. Die rechtlichen Maßnahmen zum Schutz des Verbrauchers sind in den letzten Jahren beträchtlich verstärkt worden. Da sowohl innerhalb der EG als auch in Drittländern verschiedene Regelungen gelten und mit nichtordnungsgemäßer Anwendung derartiger Stoffe gerechnet werden muß, ist es erforderlich, die Untersuchungsverfahren auszubauen und den Untersuchungsumfang zu erweitern.

Der Einsatz von Tierarzneimitteln und Fütterungszusatzstoffen (Wirkstoffen) in der modernen Tierhaltung, die große Veränderungen in Züchtung, Fütterung und Haltung gebracht hat, erfolgt sehr massiv. Die Indikationsgebiete sind Jungtierkrankheiten, Euterentzündungen und Erhöhung der Mastleistung.

Gegen Coccidien, einzellige Organismen, die vor allen Dingen in der Darmschleimhaut von Geflügel und Kaninchen vorkommen, werden *Coccidiostatika* eingesetzt, gegen Leberegel von Rindern *Leberegelpräparate*, gegen Eingeweidewürmer vielerlei *Anti-Wurmpräparate.*

Antibiotika, vom lebenden Organismus stammende Stoffe, spielen seit einigen Jahrzehnten in der Humanmedizin eine Rolle als Mittel zur Bekämpfung von Infektionen. Die Antibiotika – Penicillin, Streptomycin u. a. – hemmen das Wachstum tierischer und pflanzlicher Mikroorganismen. Für die Tierhaltung ist die Möglichkeit, auf diese Weise Infektionen der Nutztiere gezielt zu verhüten und zu bekämpfen, höchst nutzbringend. Reste von Antibiotika im Fleisch der Schlachttiere, die *mit der Nahrung in den menschlichen Körper* gelangen, lassen sich dadurch vermindern, daß man den Tieren längere Zeit vor dem Schlachten keine Antibiotika mehr gibt. Die Gefahr für den Menschen liegt, wie bei jeder Antibiotikabehandlung darin, daß sich Erregerstämme bilden, die widerstandsfähig gegen Antibiotika sind und daß dann bei Krankheiten die Antibiotika nicht mehr therapeutisch wirksam sind. Sinngemäß das gleiche gilt für die Sulfonamide, synthetische Präparate gegen vielerlei Infektionen. Zugelassen für die Tierhaltung sind nur Antibiotika, die so gut wie gar nicht durch den Darm aufgenommen, d. h. nur im Darm selbst wirksam werden können und die deshalb praktisch keine Rückstände hinterlassen. Daß gegen dieses Gebot nicht selten verstoßen wird, ist öffentliches Geheimnis.

„Da die Antibiotika im Tierkörper nicht gespeichert, sondern innerhalb kurzer Zeit abgebaut oder ausgeschieden werden, kann durch Einhaltung bestimmter Wartezeiten zwischen letzter Verabreichung und Schlachtung ein Restgehalt im Schlachtfleisch vermieden werden. Solche Wartezeiten sind gesetzlich vorgeschrieben. Die Einhaltung dieser Vorschrift kann durch den *‚Hemmstoff-Test'* überwacht werden. Was die Verwendung als Fütterungszusatz betrifft, so sind nur solche Antibiotika gestattet, die ihre Wirkung im Darm der Tiere ausüben und nicht resorbiert werden können (z. B. Bacitracin), oder bei denen aus anderen Gründen keine Rückstände im Tierkörper möglich sind (z. B. Spiramycin). Nach Angaben des Ernährungsberichtes 1976 war der am Muskelfleisch von über 160 000 Tieren durchgeführte Hemmstoff-Test in 0,1% der Proben positiv, bei Nieren dieser Tiere in 10% der Proben. Bei Hunderttausenden von untersuchten Milchproben erwiesen sich etwa 0,5% als positiv. Durch die Einführung des Hemmstoff-Tests und durch die neueren lebensmittelrechtlichen Vorschriften sind diese Prozentsätze noch weiter zurückgegangen" *(Diehl)*.

Hormone und hormonartig wirkende Stoffe gehören zu denjenigen organischen körpereigenen Stoffen, die in den Ablauf vieler lebenswichtiger Funktionen eingreifen. Selbst der sachkundige Arzt kann nicht immer mit Sicherheit vorhersagen, was das spezielle Hormon in der speziellen Dosis im speziellen Fall bewirken wird. Daß mit den Nahrungsmitteln unkontrollierte Mengen irgendwelcher Hormone in den menschlichen Organismus gelangen, ist daher höchst unerwünscht.

Östrogene Stoffe, d. h. Hormone, die das Wachstum und die Funktion der weiblichen Genitalorgane anregen, sind im Pflanzenreich weit verbreitet. Zu den Nahrungspflanzen, die östrogene

Wirkstoffe produzieren, gehören Weizen, Reis, Hafer, Mais, Sojabohnen, Kartoffeln, Erdnüsse, Äpfel, Kirschen, Oliven und viele andere. Daß durch östrogene Stoffe, die mit der Nahrung in den menschlichen Organismus gelangen, menschliche Funktionen beeinflußt werden, ist sehr unwahrscheinlich.

Die Tierhalter setzen vor allen Dingen *Sexualhormone* ein: Östrogene, d. h. brunsterzeugende Hormone, Gestagene zur Aufrechterhaltung der Trächtigkeit, Androgene (Testosteron) zur Stimulierung der männlichen Sexualorgane. Die Hormone dienen dazu, den Eiweißaufbau zu beschleunigen und schneller schlachtreife Tiere zu bekommen. Hühner setzen mehr Fett an.

Von 1954 an wurde in den USA bei der Rindermast *Diäthylstilböstrol* (DES) eingesetzt, *obwohl bekannt war, daß DES in großen Dosen karzinogen wirkt.* „Das Interesse ist verständlich, wenn man erfährt, daß ein 250 kg-Kalb bei DES-Verabreichung 34 Tage weniger braucht, um ein marktfähiges Gewicht von 500 kg zu erreichen – mit entsprechender Futtereinsparung. Die hormonale Wirkung ist ähnlich der, die durch Kastration erreicht wird, und es besteht wenig Grund für die Annahme, daß Nährwert oder Qualität solchen Fleisches wesentlich beeinträchtigt ist."

Die ganze Frage wurde immer wieder diskutiert und 1958 einigte man sich, DES weiter zu verwenden mit der Begründung, es ließen sich im Fleisch keine DES-Rückstände nachweisen. Inzwischen ermöglichte die chemische Analyse nicht mehr nur 10 µg DES/kg nachzuweisen, sondern (seit 1972) schon etwa 5 µg/kg. Und nun fand man in der Leber (nicht im Muskelfleisch) von 2,5% der untersuchten Rinder DES-Spuren! Der Streit für und gegen DES-Verbot ist immer noch im Gange. In der Chemischen Landesuntersuchungsanstalt Karlsruhe konnten (mit einer anderen Methode als der in Amerika angewendeten) im Jahre 1976 in 7 von 203 untersuchten Kalbfleischproben östrogenwirksame Stoffe nachgewiesen werden, in keinem Fall in Geflügel und Schweinefleisch. In der BRD trat danach 1978 eine Neufassung der Ausführungsverordnung zum Fleischbeschaugesetz inkraft, das die empfindlicheren Nachweismethoden einführte. „Insgesamt läßt sich sagen, daß bei *ordnungsgemäßer therapeutischer, prophylaktischer oder nutritiver Anwendung, pharmakologisch wirksame Stoffe* bei Einhaltung der vorgeschriebenen Wartezeiten *keine gesundheitlich bedenklichen Rückstände* befürchtet zu werden brauchen“ *(Diehl)*.

Nebennierenrindenhormone (Corticoide) werden wegen ihrer entzündungshemmenden Effekte gegen Infektionskrankheiten eingesetzt und weil sie die Tiere widerstandsfähiger machen gegen Schwäche- und Schockzustände, die vor allen Dingen Transportrisiken sind.

Schilddrüsenhemmer (Thyreostatika) senken den Grundumsatz und sparen dadurch Futter.

Wenn ein Tierzucht-Sachverständiger meint, der Einsatz von Sexualhormonen sei nur dort sinnvoll, wo, wie bei kastrierten Tieren, ein körpereigener Hormonmangel besteht oder, wie bei Jungtieren, die körpereigene Hormonleistung noch nicht ihre höchste Intensität erreicht hat, dann wird man das akzeptieren. Ob die Tierzüchter auch danach handeln, ist eine offene Frage. Die Überzeugung: Viel hilft viel, ist auch in der Nutztierhaltung weit verbreitet, weniger weit die Erfahrungstatsache: Dosis facit venenum.

Stark wirkende Medikamente sind die *Psychopharmaka* aller Art und Intensitätsabstufung. Tiere, die Psychopharmaka bekommen, werden ruhiger und verträglicher. Sie überstehen Transporte und Belastungen durch ungewohnte Situationen sehr viel besser.

Die *Bedrohung menschlicher Gesundheit durch Reste von Antibiotika, Psychopharmaka und Hormone ist ein akutes, mit viel Emotionen beladenes Reizthema*. Die Schwierigkeit liegt darin, daß man im Verdachtsfall keine vertrauenswürdigen Zahlenangaben vom Erzeuger bekommt und die Gefahr nur beurteilen kann aufgrund von Analysen des Marktproduktes. Entscheidend ist nicht die Art und Menge der eingesetzten Hormone und Antibiotika, sondern der tatsächliche Gehalt des Nahrungsmittels. Dazu kommt eine weitere Schwierigkeit: Es kann bis heute nur wenig oder nichts darüber gesagt werden, ob und wie die einzelnen Wirkstoffe oder Wirkstoffgruppen sich in ihrer *Wirkung addieren* oder gar kumulieren oder aufheben. Die biologische Wirkung jeder einzelnen Substanz auf den gesunden und kranken Organismus muß berücksichtigt werden.

Als mögliche gesundheitliche Beeinträchtigung müssen insbesonders mit Allergien und Resistenzbildungen durch *Antibiotika*,

Anomalien des menstruellen Zyklus und mit Fruchtbarkeitsstörungen durch *Hormone*, sowie Leberschäden in Betracht gezogen werden. Wenn die gesetzlichen Regelungen hinsichtlich Anwendung, Dosierung und Wartezeiten eingehalten werden, dann kann man sich darauf verlassen, daß keine Rückstände auftreten. „Da aber hinter der Anwendung physiologisch wirksamer Stoffe in der Tierhaltung ... neben tiermedizinischen und tierschützenden Notwendigkeiten massive wirtschaftliche Interessen (Massenhaltung, beschleunigte Schlachtreife, Einsparung von Futtermitteln, Vermeidung von Verlusten durch Krankheit und Transport, Qualität des Fleisches) stehen, ist allerdings mit dem Vorhandensein eines ‚grauen Marktes', einer unsachgemäßen Anwendung und der Nichtbeachtung der Wartezeiten zu rechnen. Dies zeigt allein schon das Vorhandensein von Diäthylstilboestrol-Rückständen im Fleisch auch deutscher Provenienz. Mehr als bei den *Pestiziden* ist bei den pharmakologisch wirksamen Stoffen ein erhebliches Gefälle zwischen Inlanderzeugnissen und Importen zu erwarten, da zum einen die Überwachung wesentlich komplizierter und schwieriger ist, zum anderen die rechtliche Handhabung in den einzelnen Ländern ... sehr unterschiedlich erfolgt" *(Berg)*.

4.6 Mikroorganismen

Mit Mikroorganismen steht der Mensch in enger Berührung solange er lebt. Die einen sind *nutzbringend*, ja notwendig, die anderen unerwünscht und krankmachend. Erwünschte „Verunreinigungen" von Nahrungs- und Genußmitteln sind viele Mikroorganismen. Ohne sie kein Käse und kein Sauerkraut, kein Alkohol und kein Essig, kein Kaffee und kein Tee. *Krankmachende* Mikroorganismen sind Bakterien und Pilze. Zu den Krankheitserregern gehören Staphylokokkus aureus, Clostridium botulinum, Bacillus cereus, Escherichia coli, Bacillus subtilis, Salmonella typhi, Shigella dysenteriae und sonnei, Vibrio cholerae. Von den Pilzen sind in diesem Zusammenhang nur die Schimmelpilze von Belang.

Eine Darstellung der Zustandsbilder von Nahrungsmittel*infektionen* – von Infektionskrankheiten – liegt außerhalb des gegebenen Rahmens. Weniger bekannt als die Infektionskrankheiten, aber durchaus aktuell, sind die *Nahrungsmittelvergiftungen* (Nahrungsmittel-Intoxikationen).

Clostridium botulinum, zu den Bakterien gehörig, ist der Erreger der Fleisch-, Wurst- und Fischvergiftung. Er wächst nur unter Luftabschluß (anaerob) und kommt vor allen Dingen in hausgemachten Fleischkonserven vor, in großen Knochenschinken, dicken Stapeln aufgeschnittener Wurst, aber auch in grünen Bohnen. Sachgemäßes Pökeln verhindert die Giftbildung der auskeimenden Sporen.

Jede *Botulismus*vergiftung ist eine ernste Krankheit, bei der Störungen im Bereich des Nervensystems im Vordergrund stehen: Sehstörungen, Lähmungen der Schlund- und Speiseröhrenmuskulatur, Blasen- und Mastdarmstörungen. Selten führt Atemlähmung in den ersten Tagen zum Tode. Häufiger sterben die Kranken später an Entkräftung.

Ursachen der häufigsten bakteriellen Nahrungsmittelvergiftungen sind Staphylokokkus aureus und Clostridium perfringens.

Staphylokokken kommen überall vor und werden durch Unsauberkeit übertragen. Speisen, die mit den Händen zubereitet werden, sind die häufigsten Vergiftungsquellen. Es gibt kaum ein Nahrungsmittel, das *nicht* Träger dieses Keimes sein kann. Schon wenige Stunden nach der Aufnahme kann Brechdurchfall eintreten.

Harmlos sind Vergiftungen mit dem Bakterium *Clostridium perfringens.* In ähnlicher Weise wie Staphylokokken werden die Clostridien durch Unsauberkeit übertragen. Die Zeichen der Vergiftung sind Kopfschmerzen, Übelkeit und Appetitlosigkeit.

Die Bedeutung von anderen Mikroorganismen, von *Pilzen,* als Ursachen von Nahrungsmittelvergiftungen, ist erst in neuerer Zeit klargestellt worden. Pilzbewuchs ist zumeist sichtbar, riechbar oder schmeckbar – Grund dafür, daß der Verbraucher das pilzbefallene Nahrungsmittel ablehnt.

„Fand der Pilzbefall jedoch bereits auf dem Feld, beim Transport oder im Lager statt und kam es in diesem frühen Stadium zur Toxinbildung, dann können durch geeignete Be- und Verarbeitungsschritte das warnende Pilzmycel und die farbigen Konidienmassen unsichtbar werden, und es erinnert günstigenfalls noch ein muffiger oder kelleriger Geruch oder Geschmack an den einstigen Grad des

Verderbs. Man spricht dann von getarntem Mykotoxinvorkommen. Ein Beispiel hierfür ist Patulin in Apfelsaft; von Penicillium expansum befallene, braunfaule Äpfel können bis zu 1 g Patulin/kg Faulstelle enthalten, das beim Auspressen in den Saft gelangt. Ähnlich liegen die Verhältnisse bei der Verarbeitung aflatoxinhaltiger Erdnüsse zu Erdnußbutter oder bei der Herstellung von pflanzlichen Ölen, wobei die Toxine in dem Preßkuchen zurückbleiben" *(Diehl)*.

Besonders gefährlich ist der *Schimmelpilz Aspergillus flavus*. Er bildet mindestens 8 hochtoxische Formen von *Aflatoxin*. Unter besonderen Umständen können auch andere Pilzstämme der Gattung Aspergillus und Penicillium Aflatoxine bilden.

Den Anstoß zu der Erforschung der Aflatoxine gab ein Massensterben von 100 000 Weihnachtstruthühnern im Jahre 1960 in England. Man hatte die Tiere mit Erdnußmehl gefüttert, das durch Aspergillen verunreinigt war. Die krankmachenden Aflatoxine werden im Darm von Vögeln und Säugetieren gut resorbiert und führen zu Leberschäden, Blutungen und Wachstumshemmung. Die praktisch wichtigsten Aspergillus flavus-Träger sind infizierte Erdnüsse. Da die Nüsse erst mit zunehmender Reife infiziert werden, meist erst zwischen Reife und Ernte, läßt sich die Aflatoxinbildung weitgehend unterbinden, wenn man die Nüsse unmittelbar nach der Reife schnell trocknet. Es scheint, daß Aflatoxin B_1 durch andere Mikroorganismen zerstört wird und daß kontaminierte Nahrungsmittel (Milch, Maisöl, Erdnüsse, Erdnußbutter, Mais, bis zu einem gewissen Grade auch Sojabohnen) auf diese Weise entgiftet werden können. Da die Aflatoxine bei 120° C teilweise wirksam bleiben, können verschimmelte Lebensmittel durch Kochen nicht entgiftet werden.

Man muß deshalb davor warnen, schimmelig riechende oder sichtbar verschimmelte Lebensmittel zu verzehren.

Verschimmeln können *alle Nahrungsmittel*. Bemerkenswert ist dabei, daß in Nahrungsmitteln mit hohem Zuckergehalt bisher keine Pilzgifte nachgewiesen werden konnten.

„Der als ‚transmission' oder ‚carry over' bezeichnete *Übergang von Schadstoffen aus Futtermitteln in Lebensmittel* tierischer Herkunft gewinnt im Falle der vorzugsweise in warmen Klimazonen gebildeten Mykotoxine zunehmend an Bedeutung, da der Ver-

Tabelle 20. Beispiele von mit Aflatoxinen verunreinigten Nahrungsmitteln. (Aus *Habs* 1979)

Produkt	Aflatoxingehalt (ppb)	Autor(en)
Erdnüsse in Schalen	5 - 7	*Hanssen* u. *Jung* 1972
Pistazien (15% der Proben)	74 - 260	*Bozkurt* et al. 1972
Salami (Stichproben-untersuchung)	5	*Hanssen* u. *Jung* 1972
Querschnitt von Nahrungsmitteln in Kenia	0,1 - 0,35	*Peers* u. *Linsell* 1973
Querschnitt von Bier in Kenia	0,05 - 0,1	*Peers* u. *Linsell* 1973

ppb = parts per billion = µg/kg

brauch an Zukauffutter bei unserer Tierhaltung weiterhin stark ansteigt; von 1953–1973 hat sich der Import eiweißreicher Ölkuchen in die BRD verzehnfacht. Rückstände an Aflatoxinen, Sterigmatocystin, Ochratoxin wurden im Fleisch und in Organen, vor allem der Leber, bei Schlachttieren und Geflügel festgestellt, ohne daß bei der Fleischbeschau an den Tieren pathologische Veränderungen aufgefallen wären“ *(Frank)*. Auch in Eier können Aflatoxine aus dem Futter übergehen.

Seit Jahrhunderten bekannt ist die *Mutterkorn-Krankheit*, eine Vergiftung durch den auf Getreide wachsenden Pilz Claviceps purpurea. Die Giftstoffe sind Alkaloide der Ergotingruppe. Nach den Krankheitserscheinungen unterscheidet man den Ergotismus gangränosus mit Kribbeln und Brennen in den Gliedmaßen (Kribbelkrankheit, Antoniusfeuer) und Absterben von Fingern und Zehen und den Ergotismus convulsivus mit Krämpfen, Bewußtseinstrübungen und Sinnestäuschungen. Die tödliche Mutterkorndosis wird mit 5–10 g angegeben. In England entstand 1927 eine Epidemie durch Roggenmehl mit 1% Ergotin, das im Verhältnis 1 : 4

mit Weizenmehl verbacken worden war. Die letzte französische Epidemie war im Jahre 1951.

Krankmachend können für den Menschen hin und wieder auch Pilze sein, die man als *Erreger von Getreidekrankheiten* kennt (Rostpilze, Brandpilze u. a.). Der Pilz Endoconidium temulentum befällt den Taumellolch, der als Unkraut in Getreidefeldern vorkommt. Geraten Samen von Taumellolch (Lolium temulentum), die mit Endoconidium infiziert sind, in Brot, Hafermehl oder Bier, dann entsteht ein charakteristisches Krankheitsbild: die Taumelkrankheit.

Wieder andere Schimmelpilze wachsen auf Weizen, Gersten, Hafer, Buchweizen und Hirse, die *lange Zeit gelagert* haben. Das Getreide kann jahrelang pathogen bleiben und wird erst beim Erhitzen auf 200° C giftfrei und genießbar. Infektionen mit dem Schimmelpilz Fusarium sporotrichoides führen zur Verminderung der weißen Blutkörperchen und Krankheitserscheinungen an den Knochen und Gelenken (Kaschin-Becksche Krankheit), Infektionen mit anderen Getreideschimmelpilzen zu Bronchialkatarrh und Lungenentzündungen. Die Sporen dieser Schimmelpilze sind in weiten Temperaturbereichen entwicklungsfähig und sterben auch bei Temperaturen unter 0° C nicht ab.

Erst die Forschungen neuerer Zeit ließen das Ausmaß der Gefährdung durch Schimmelpilze erkennen. Diese Pilze sind anpassungsfähig, kommen überall vor und geraten oft mit den Nahrungsmitteln in den menschlichen Körper. „Grundsätzlich gewarnt werden muß vor jeglichem Genuß der von Reformhäusern empfohlenen Diätetika aus Getreidemischungen, die verschimmelt gegessen werden sollen“ *(Gedek)*. Hefen, die auch zu den Pilzen gerechnet werden, bilden keine Giftstoffe – vom Alkohol abgesehen.

4.7 Mit den Giften leben

Vor 100 Jahren waren die Bakterien Grund für Angst und Sorge. Die Mütter kochten die Löffel aus, mit denen sie ihre Kinder fütterten. Mit Widerwillen faßte man die Türgriffe in Restaurants und Eisenbahnwagen an, weil so viele andere Leute sie zuvor schon angefaßt hatten. Gefährdet fühlte man sich durch den Nebenmann im Theater, wo „man schön warm beisammen sitzt“. Wir haben gelernt, mit den Bakterien zu leben, wir müssen lernen, auch mit den Giften zu leben. Durch Unwissenheit und sinnlose Ängste sollten wir uns nicht eine tägliche, biologisch legitime Freude verderben lassen: *die Freude am Essen.*

5 Alternative Ernährungslehren

„Alternative Ernährungslehren“ ist ein *Sammelbegriff* für Ernährungslehren verschiedener Art und Herkunft. Gemeinsam ist ihnen nur die Alternativität, d. h. die Andersartigkeit gegenüber der konventionellen, wissenschaftlich begründeten Ernährungslehre.

Gemeinsame Wurzel der alternativen Ernährungslehren ist die Angst vor Naturzerstörung und Naturentfremdung, das Mißtrauen gegenüber Ernährungswissenschaft, Ernährungswirtschaft, Ernährungsindustrie und Ernährungspolitik. In dieser Situation ist die Wissenschaft gefordert, die Tatsachen festzustellen und nach den Gesetzen der Logik daraus ihre Schlüsse zu ziehen.

„Die Ganzheitsbetrachtung des landwirtschaftlichen Betriebes als Organismus, die Einhaltung einer vielseitigen, ausgewogenen Fruchtfolge und die organische Düngung spielen bei allen diesen (alternativen) Richtungen eine große Rolle. Unterschiede bestehen z. B. in den zur Gewinnung des organischen Düngers durch Kompostierung zugelassenen Rohmaterialien (Stallmist, Jauche, nur pflanzliches Material, Müllklärschlamm), in der Verwendung von Handelsdünger wie Chilesalpeter, Thomasmehl, Patentkali, Rohphosphat, und in der Bedeutung, die man terrestrischen und kosmischen Kräften und Konstellationen zumißt. Die biologisch-dynamische Wirtschaftsweise ist von diesen Bewegungen die älteste und geschlossenste und diejenige, die in der Bundesrepublik am stärksten vertreten ist. In dem Vertrauen auf die Wirkung von ‚Präparaten‘, die geheimnisvolle Wirkungen in sich bergen sollen, und auf die kosmischen Beziehungen der Wachstumsvorgänge, ist die anthroposophische Wirtschaftsweise zugleich diejenige, die dem exakten naturwissenschaftlichen Denken am schwersten zugänglich ist“ *(Diehl).*

Zwei Begriffe werden in den alternativen Ernährungsligen oft und gerne gebraucht: gesund und biologisch.

Eine *„gesunde"* Ernährung gibt es nicht. Gesund ist der Mensch, nicht sein tägliches Brot. Das Brot ist bestenfalls gesundheitserhaltend und gesundheitsfördernd.

Vielerlei alternative Produktionsverfahren bezeichnen ihre Produkte als *„biologisch"*. Sie wollen damit zum Ausdruck bringen, daß diese den konventionell erzeugten Produkten qualitativ überlegen sind. Die Bezeichnung biologisch, ein Begriff, der seit Jahrhunderten weltweit wissenschaftlich im gleichen Sinne gebraucht wird, ist zur Unterscheidung zwischen alternativen und konventionellen Produktionsmethoden unbrauchbar. *„Unbiologischer" Landbau ist ein Widerspruch in sich selbst.* Es gibt nur Unterschiede im Ausmaß der Verwendung von Mineraldünger und Pestiziden zwischen alternativen und konventionellen Landbauverfahren.

Ebenso unbrauchbar ist der Begriff *Ganzheit,* wenn der Unterschied zwischen alternativer und konventioneller Ernährungslehre charakterisiert werden soll.

Die alternativen Ernährungslehren zielen auf die Nahrungsmittel*produktion,* auf die Nahrungsmittel*auswahl* und auf die Nahrungsmittel*bearbeitung.* In die erste Gruppe gehören die biologisch-dynamische Wirtschaftsweise und der organisch-biologische Landbau, zur zweiten Gruppe die Makrobiotik und die Vollwertkost, zur dritten Gruppe die Rohkost. Daneben gibt es die absonderlichsten Vorstellungen und Lehren und Vorschriften. Einige Titel aus einer unter der Überschrift „Americans Love Hogwash" erschienenen Sammlung: Dr. Atkins Diät-Revolution – Wie natürlich sind die natürlichen Vitamine? – Vitamin E, Wunder oder Mythos? – Kostergänzung mit Vitamin E – Vitamin C und der Schnupfen – Gebrauch und Mißbrauch von Vitamin A – Megavitamin- und Orthomolekular-Therapie in der Psychiatrie – Ernährungs-Absonderlichkeiten – Der Reiz von Nahrungskulten.

5.1 Biologischer Landbau

Die Kennzeichen der beiden heute angewendeten biologischen Landbauverfahren sind in der Tabelle 21 zusammengestellt. Biologi-

Tabelle 21. Die verschiedenen alternativen Landbauverfahren in der Bundesrepublik Deutschland. (Aus *Brugger* 1981)

Wesensmerkmal	Biologisch-dynamische Wirtschaftsweise	Organisch-biologischer Landbau
Begründer – Theoretische Grundlage	R. Steiner (1924): „Der landwirtschaftliche Kurs.“ Geschlossener Betriebsorganismus. Förderung organischer Prozesse im Boden.	Dr. H. Müller: Verlebendigung des Ackerbodens Dr. P. Rusch (1968): Kreislauf lebender Substanzen
Bodenbearbeitung	Je nach verfügbarer organischer Substanz flacher oder tiefer; biologische Vertiefung der Ackerkrume durch Bodentiere und Tiefwurzler	Flach wendend und je nach Standortverhältnissen mechanisch tiefer lockernd
Fruchtfolge	Vielseitig mit gezielter Auswahl der Kulturfolge und bewußter Ausnutzung des biologischen Konkurrenzverhaltens zwischen Kulturpflanzen, Unkräutern, Krankheiten und Schädlingen mit viel Leguminosen	
Düngung	Vorwiegend organisch mit Wirtschaftsdüngern und Kompost; organische Handelsdüngung in beschränktem Umfang zugelassen	Vorwiegend mit Wirtschaftsdünger; Flächenkompostierung mit Mistschleier. Chemisch-synthetische, leichtlösliche Mineraldünger verboten, organische Handelsdünger in beschränktem Umfang zugelassen

Tabelle 21 (Fortsetzung)

Wesensmerkmal	Biologisch-dynamische Wirtschaftsweise	Organisch-biologischer Landbau
Stickstoff	Präparierte Wirtschaftsdünger, Leguminosen, Hornmehl und -späne, Blutmehl, Schweineborsten in beschränktem Umfang	Wirtschaftsdünger, Leguminosen, organische Handelsdünger, wie Hornmehl und -späne, Blutmehl Rohphosphat, Urgesteinsmehl
Phosphat, Kali u. Kalk	Geringe Mengen Rohphosphat, Urgesteinsmehl, Patentkali zur Kompostierung, kohlensaurer Kalk, Algenkalk	Thomasmehl und Patentkali zur Regulierung des pH-Wertes im Boden, Algenkalk, kohlensaurer Kalk
Präparate	Spritzpräparate Hornmist „500“ und Hornkiesel „501“, Kompostpräparate	Präparate zur Beschleunigung der Umsetzungsvorgänge wie Symbioflor-Humusferment, Humofix, Eokomit, Amalgerol u. a. vorwiegend im Gartenbau
Pflanzenschutz	Verwendung von Pflanzenschutzmitteln praktisch verboten; weitgehende Nutzung natürlicher Selbstregulationsmechanismen z. B. durch vielseitige Fruchtfolge, Förderung von Nützlingen	
Unkräuter	Niederhalten durch gezielte Fruchtfolge, mechanisch und thermisch durch Abflammen	
Schädlinge	Bekämpfung mit Mitteln auf pflanzlicher Basis	

Krankheiten	Bekämpfung in Sonderkulturen mit Kupfer- und Schwefelpräparaten	
Kosmische Einflüsse	Beachtung der Stellung des Mondes bei Saat-, Pflanz- und Pflegezeiten	Finden keine Beachtung
Bodenuntersuchung	Nach üblichen und erweiterten Methoden	Mikrobiologische Tests verbindlich auch nach üblichen Methoden
Waren- bzw. Schutzzeichen	Namens- und Bildzeichen „Demeter", Bezeichnung „Biodyn" für Produkte von Betrieben, die die biologisch-dynamischen Maßnahmen durchgeführt, die Demeter-Qualität aber noch nicht erreicht haben	„Bioland" bzw. „Bioland-Erzeugnisse aus dem Umstellungsbetrieb", Vermarktung durch die Bioland GmbH
Anerkennung und Vergabe durch	Demeter-Bund e.V., Wellingstraße 24, 7000 Stuttgart 75	Fördergemeinschaft org.-biol. Landbau e.V., Bahnhofstraße 1, 7326 Heiningen
Erzeugungsrichtlinien	Februar 1976	September 1979
Organisation	Forschungsring für biologisch-dynamische Wirtschaftsweise e.V., Baumschulenweg 19, 6100 Darmstadt 1	Fördergemeinschaft organisch-biologischer Landbau e.V., Bahnhofstraße 1, 7326 Heiningen

scher Landbau ist heute praktisch *gleichbedeutend mit biologisch-dynamischem Landbau.*

Bestimmend für die ernährungsphysiologische Bewertung eines Landbauverfahrens sind 1. Ertragshöhe, 2. Nährstoffgehalt der Produkte, 3. Verunreinigungen durch Schadstoffe, 4. Auswirkungen der Produkte auf tierische Organismen, 5. Auswirkungen der Produkte auf den menschlichen Organismus.

5.1.1 Ertrag

Übereinstimmend haben viele Untersuchungen gezeigt, daß in vergleichbaren Bereichen die Getreideerträge biologisch-dynamisch bewirtschafteter Betriebe geringer sind als die aus konventioneller Produktion (Tabelle 22). Was für Getreide gilt, gilt auch für Kartoffeln und andere Produkte. „Andererseits liegen Ergebnisse von Einzelbetrieben vor, die zeigen, daß gleiche und vereinzelt auch höhere Erträge erzielt werden können" *(Brugger).* Im allgemeinen aber besteht Einigkeit darüber, daß die *Mengenerträge im biologischen Landbau geringer* sind.

Gute Ernte, d. h. reichliche Ernte war überall und zu allen Zeiten ein Zeichen von Glück und göttlichem Segen, ein Schutz vor Hun-

Tabelle 22. Getreideerträge in biologisch-dynamisch (b.-d.) und konventionell (k.) wirtschaftenden Betrieben nach Betriebsrechnungsunterlagen (Durchschnitt der Erträge im Erhebungszeitraum 1971–1974)

VG	Zahl der Betriebe		Getreide dt/ha		Relativ (k. = 100)
	b.-d.	k.	b.-d.	k.	
2	2	10	38	42	91
12	1	14	27	42	64
13/14	1	9	34	43	80
14	2	65	30	37	81
20	3	14	40	44	91

Bei dem Betrieb im Vergleichsgebiet 12 ist das relativ niedrige Ertragsniveau eher auf die weniger guten fachlichen Fähigkeiten des Betriebsleiters zurückzuführen. (Aus *Brugger,* 1981).

ger und Armut. Die heutige Situation in Europa sieht jedoch anders aus.

„*Rekorderträge der Landwirtschaft,* die in früheren Jahrzehnten und Jahrhunderten Freudenfeste ausgelöst hätten, die auch heute noch in den Mangelwirtschaften des Ostens und in den Hungerländern der Dritten Welt gefeiert werden – im EG-Europa des Überflusses lösen sie, außer bei den begünstigten Bauern, nur noch *allgemeine Betroffenheit* aus. Die abstrusen Brüsseler Regeln verderben den Spaß. Anders als alle anderen Unternehmer brauchen sich die Agrarier um den Absatz des Segens keine Gedanken zu machen. Wieviel sie auch immer produzieren mögen, die Agrar-Marktordnung der EG garantiert ihnen die Abnahme zu Preisen, die weit über dem Weltmarkt-Erlös liegen – auf Kosten des europäischen Steuerzahlers.

Europas Milchkühe waren 1982 so produktiv, daß nach der Schätzung von Experten 8,7% mehr Butter und fast 7% mehr Magermilchpulver anfallen werden als 1981. Und mit den Vorräten von 385 000 Tonnen Butter und 580 000 Tonnen Magermilchpulver sind die Lager keineswegs leer... Wie üblich streiten sich die EG-Mitglieder jetzt erst einmal, was mit dem Segen geschehen soll... Die Ernte stieg von 121 auf fast 128 Mill. Tonnen. Was mit dem Überschuß geschehen soll, ist noch unklar." Die Ausgaben der EG stiegen, 1974 = 100 gesetzt, bis 1980 für Obst und Gemüse um 1075%, für Wein um 631%, für Getreide um 336%, für Milcherzeugnisse um 278%. „Die Lager müssen voll, das Geld muß knapp sein, sonst sind die Agrarminister nicht zur Räson zu bringen" *(Ab auf die Halde).*

Von der EG-Produktion 1981/82 waren nicht *im EG-Bereich abzusetzen:* 39% des Milchpulvers, 34% des Zuckers, 18% des Weizens, 15% der Butter, 12% des Weines und 3% des Rindfleisches *(Überschuß bereitet Kummer).*

Eine dpa-Meldung vom 18.8.1982 besagt: „Der Butterberg und die Milchschwemme in der EG haben nach Angaben der Arbeitsgemeinschaft der Verbraucher (AgV) seit 1978 rund 50 Milliarden Mark gekostet. Die Verbraucherorganisation berichtete gestern, die deutschen Steuerzahler hätten von diesen Kosten für überschüssige Erzeugung rund 16 Milliarden Mark tragen müssen. Hinzu seien weitere vier bis fünf Milliarden für die nationale Unterstützung der

Milchwirtschaft zu rechnen. Die Organisation bezifferte die unverkäuflichen Bestände in den Kühlhäusern der EG auf derzeit mehr als 300 000 Tonnen Butter und über 500 000 Tonnen Magermilchpulver im Gesamtwert von 4,5 Milliarden Mark."

Reichliche Ernten – Segen oder Fluch?

5.1.2 Nährstoffgehalt der Produkte

Der Nährstoffgehalt, der Nährwert der „biologischen" Produkte ist ein Gegenstand leidenschaftlicher Auseinandersetzungen. Dazu einige Zahlen und Ergebnisse von sachgerecht angelegten und ausgeführten Untersuchungen.

Vergleichende Bestimmungen des *Eiweißgehaltes von zwei Weizensorten* ergaben bei konventionellem Anbau 12,4 und 12,6 g je 100 g Trockensubstanz, bei alternativem Anbau 10,4 und 12,6 g. Bei konventionellem Anbau betrug der Gehalt an Calcium 36, an Eisen 5,5, an Kalium 420 und an Phosphor 300 mg/100 g Trockensubstanz, bei alternativem Anbau 38, 5,7, 440 und 270 mg/100 g Trockensubstanz. „Wir können somit feststellen, daß bei den wertbestimmenden Inhaltsstoffen bei Getreide *keine signifikanten Unterschiede* zwischen den beiden Wirtschaftsweisen bestehen" *(Seibel)*.

Vergleiche der Auswirkungen von mineralischer Düngung und organischer Düngung mit Hornmehl, Peru-Guano und Basaltmehl bei Äpfeln haben ergeben: bei organischer Düngung *Fruchtgröße meist geringer*, *Zuckergehalt* unverändert, *Stippigkeit* weniger ausgeprägt *(Naumann)*.

Die Berichte von *Klett* über Düngungsversuche mit *Getreide* und die von *Klein* über Düngungsversuche mit *Kartoffeln, Roggen, Möhren und Hafer* hat *Diehl* zusammengefaßt. „Bei Düngung mit und ohne Kieselsäure, mit organischer oder mineralischer Düngung ist eine klare Tendenz hinsichtlich organischer im Vergleich zur mineralischen Düngung oder hinsichtlich mit und ohne Kieselbehandlung nicht zu erkennen." „Eher bedeutungsvoll als ein wenig höherer Aminosäuregehalt nach Mineraldüngung ist der Nitratgehalt im Spinat und Pflücksalat, der nach Mineraldüngung eindeutig höher liegt als nach organischer. Sieht man von der Ertragsleistung ab, so *unterscheiden sich* die verschiedenen Düngungs- und Kieselbehandlungsvarianten *in den meisten Parametern nicht oder sehr wenig.*"

Der Vergleich der mineralisch und der biologisch-dynamisch gedüngten *Gemüse* (Kartoffeln, Sellerie, Spinat, Wirsing) hat bei langjährigen experimentellen Untersuchungen keine gesicherten Unterschiede hinsichtlich des Nährstoffgehaltes erkennen lassen. Kompostgedüngter Frühjahrsspinat zeigte im Vergleich zum mineralgedüngten Spinat eine Tendenz zu höherem *Vitamin C*-Gehalt und geringerem *β-Karotin*-Gehalt. Bei dem nur in einem Jahr angebauten Wirsing ergab der Kompostdünger ebenfalls einen höheren Vitamin C-Gehalt. Gesamt-Stickstoff und *Eiweiß-Stickstoff* wiesen in den kompostgedüngten Produkten teilweise niedrigeren Gehalt auf als in den mineralisch gedüngten. *Rote Rüben*, die in verschiedener Weise konventionell und biologisch-dynamisch gedüngt waren, ließen keine ins Gewicht fallenden Unterschiede im Gehalt von 18 verschiedenen Inhaltsstoffen erkennen. In einer Versuchsreihe (von *Abele*) lag der *Vitamin C*-Gehalt von Spinat bei biologisch-dynamischer Düngung höher als bei konventioneller Düngung.

„Hinsichtlich ernährungsphysiologisch *negativ zu bewertender Inhaltsstoffe* ergab sich bei Spinat ein deutlich geringerer *Nitrat*gehalt des kompostgedüngten Pflanzenmaterials, während sich bei *Oxalsäure* in Spinat und bei *Solanin* in Kartoffeln keine wesentlichen düngungsbedingten Unterschiede zeigten" *(Wedler)*.

In der *Milch alternativer Betriebe* war, wie eine unlängst durchgeführte vergleichende Untersuchung ergab, der *Eiweiß*- und *Fett*gehalt niedriger als in der Milch konventioneller Betriebe, der *Linolsäure*gehalt dagegen lag höher. Im übrigen ließen sich keine Unterschiede feststellen.

In den Jahren 1971–1979 lief *in Schweden ein Projekt, bei dem konventionelle und biologisch-dynamische Landbausysteme miteinander verglichen wurden.* Es war ein Gemeinschaftsvorhaben der Landwirtschaftlichen Universität in *Uppsala* und des Nordischen Forschungsringes für biologisch-dynamische Wirtschaftsweise in *Järna.* In 2 Feldversuchsreihen jeweils in *Uppsala* und *Järna* wurden die beiden Landbausysteme einander gegenübergestellt. Der Versuchsplan war an beiden Orten derselbe. Der Versuch in *Uppsala* lief über 6 Jahre (1971–1976). Der Versuch in *Järna* lief über 9 Jahre

(1971–1979). Die Hauptergebnisse der beiden Versuche *stimmen weitgehend miteinander überein.*

Zusammenfassend stellte *Pettersson* fest: „1) Die *Gesamterträge* – auf Energiebasis berechnet – lagen in dem biologisch-dynamisch bewirtschafteten Betrieb je nach Fruchtfolge 14 bzw. 9% niedriger. 2) Die *Ertragsentwicklung* verlief in allen Varianten sehr positiv mit Ausnahme der biologisch-dynamischen Erträge in der Gersten-Fruchtfolge. 3) Bei *Kartoffeln* hatten die biologisch-dynamischen Varianten niedrigere Erträge und niedrigere Roheiweißgehalte, aber als bessere Merkmale niedrigere Lagerungsverluste, bessere Eiweißzusammensetzung, höheren Gehalt an Ascorbinsäure, geringeres Dunkeln, geringeren Abbau von Extrakten, bessere Kristallbilder, bessere Haltbarkeit im Geschmack, weniger Kochfehler. 4) Bei *Sommerweizen* waren die Unterschiede im Ertrag gering, die physiologischen Eigenschaften hinsichtlich der Merkmalergebnisse ähnlich positiv wie bei den Kartoffeln. In den technologischen Teig- und Backeigenschaften ergab einmal das eine System, einmal das andere bessere Werte. 5) Bei *Gerste* war der Unterschied im Ertrag größer als beim Weizen zum Vorteil des konventionellen Systems. An vergleichbaren Merkmalen brachten beide Getreidefrüchte ähnliche Ergebnisse."

Ein Vergleich von je 16 Proben von frischem *Spinat* aus „biologischem" Anbau und aus beliebigen Gärtnereien ergab: bei höherem *Thiamin*gehalt enthielten die „biologischen" Proben ebensoviel *Nitrat* und *Oxalat* wie die Vergleichsproben und weniger *Proteine* und *Calcium (Wilberg).*

14 Fabrikate aus Lebensmitteln „biologischen Anbaus" verglich die *Stiftung Warentest* mit 6 Fabrikaten aus konventionellem Anbau *(Brechbohnen, Erbsen, Karotten).* Ergebnis: „Insgesamt gibt es an Lebensmitteln aus ‚biologischem' Anbau wenig auszusetzen. Besser als andere Produkte sind sie allerdings nicht, abgesehen von etwas niedrigerem Nitratgehalt bei manchen Fabrikaten. Die getesteten Gemüse und Säfte enthielten zwar keine Rückstände von Pflanzenschutzmitteln, aber auch bei normal angebautem Gemüse wurden nur selten Rückstände gefunden. Und von Schwermetallen bleibt auch der ‚biologische Anbau' nicht verschont. In der Regel muß aber für solche Lebensmittel beträchtlich mehr bezahlt werden als für andere."

Langfristige vergleichende Untersuchungen sind sowohl in der Bundesrepublik wie auch in anderen Ländern im Gange.

5.1.3 Der Gehalt an Schadstoffen

Mit dem Begriff „biologisch“ verbindet der Käufer die Vorstellung, daß das Nahrungsmittel frei von Giften, d. h. von Pestizid-Rückständen ist. In den meisten Vergleichsuntersuchungen von „biologisch“ und konventionell produzierten Nahrungsmitteln fehlen indessen Bestimmungen von Pestizid-Rückständen.

Angaben über die *Häufigkeit von Pestizid-Rückständen in den landesüblichen Nahrungsmitteln* gibt der *Ernährungsbericht 1976.* Als Häufigkeit in Obst und Gemüse werden – um ein Beispiel herauszugreifen – die folgenden Zahlen genannt: Anzahl der Proben 13107 – Rückstände nicht nachweisbar 7862 (60%) – Rückstände innerhalb der Toleranz 4213 (33%) – Überschreitungen der Toleranz 914 (7%).

Rückstandsuntersuchungen der *Chemischen Landesuntersuchungsanstalt Stuttgart* ergaben *1972 und 1973* in 31% Pestizid-Rückstände innerhalb der zulässigen Grenze in Lebensmitteln mit Bezeichnungen wie *„naturrein“, „Bioerzeugnis“, „Demeter-Erzeugnis“, „frei von Spritzmitteln“.* Zu diesen Lebensmitteln gehörten Kindernährmittel, diätetische Lebensmittel, Honig, Konfitüren, Marmeladen, Säfte, Wein, Mehl und andere Getreideerzeugnisse, Obst- und Gemüsekonserven, frisches Obst und Gemüse, Milch und Milchprodukte, Eier, Fleisch, Wurst und Geflügel. „Die Beanstandungsquote für derartige Produkte hat sich 1974 mit 43% gegenüber den Jahren 1972 und 1973 mit jeweils 31% sogar noch gesteigert.“ (Anzahl der Proben insgesamt 67, davon in keinem Fall Überschreitung der Höchstmengen.)

In ihrem *Jahresbericht 1974* stellt die *Chemische Landesuntersuchungsanstalt Stuttgart* zum Thema Rückstände von Schädlingsbekämpfungsmitteln fest, „daß beim Obst bei Inlanderzeugnissen kaum Höchstmengenüberschreitungen festzustellen waren... Pflanzliche Lebensmittel (ohne Zitrusfrüchte), die als ‚naturrein‘, ‚Bioerzeugnis‘, ‚Demeter-Erzeugnis‘, ‚ohne schädliche Rückstände‘ o. ä. bezeichnet waren, enthielten trotzdem nicht selten Rückstände". Zu den Untersuchungsergebnissen tierischer Lebensmittel sagt der Bericht: „Zum anderen zeigen die Zahlen deutlich, wie unberechtigt bei Lebensmitteln tierischer Herkunft meist Bezeichnungen wie ‚naturrein', ‚Bio', ‚frei von ...', ‚Demeter', ‚mit Gesundheitspaß' o. ä. sind. Von 12 derartig bezeichneten Proben wiesen 10 Rückstände auf."

Dazu der Lebensmittelchemiker: „Da in den unter Kontrolle von Forschungsinstituten durchgeführten Anbauversuchen der Einsatz von Schädlingsbekämpfungsmitteln nach Vorschrift und insgesamt möglichst sparsam erfolgt, kann man davon ausgehen, daß sich *bei einem Vergleich der verschiedenen Anbaumethoden nennenswerte Rückstände weder in den konventionell noch in den alternativ angebauten Proben finden lassen.*"

Eine französische *Verbraucherorganisation* hat den Gehalt an Pestiziden von Äpfeln und Karotten, die als „biologisch" bezeichnet waren – je 9 Proben –, verglichen mit handelsüblichen Äpfeln und Karotten. Der Preis der „biologischen" Produkte lag i. M. 30% höher. „Die wichtigste Frage ist also die folgende: Wenn die Verbraucher einen deutlich höheren Preis bezahlen, haben sie dann die Garantie, Erzeugnisse zu kaufen, die deutlich besser sind für die Gesundheit und den Gaumen? ... Die einzige wirkliche Garantie ist das Vertrauen, das man dem Erzeuger oder dem Kleinhändler entgegenbringt."

Die Verbraucherorganisation hat die Äpfel und Karotten auf Rückstände von 6 verschiedenen *Chlorkohlenwasserstoff-Pestiziden* untersucht. Ergebnis: Hexachlorzyklohexan (HCH) fand sich in den „biologischen" Proben und Kontrollen von *Äpfeln* nur in Spuren. „Bei den *Karotten* sind die Resultate weniger beruhigend: 4 Prüfproben enthalten bemerkenswerte Mengen α HCH, 2 von ihnen mindestens 8mal, 1 von ihnen 10mal soviel wie die gewöhnlichen Vergleichskarotten. Die Ergebnisse hinsichtlich Lindan sind eindeutig weniger gut, da nur 2 Prüfsorten von Äpfeln frei sind von bestimmbaren Mengen. Dagegen enthalten 6 Prüfproben ebensoviel oder mehr als die Kontrollen. Das gleiche gilt für die Karotten, wo 7 biologische Proben mehr Lindan enthalten als die Kontrollproben. Ebenso findet man Heptachlor und sein Epoxyd in 4 biologischen Proben (2 Proben von Äpfeln, 2 Proben von Karotten). Eine einzige Probe (von Äpfeln) enthält Aldrin. Wir machen allerdings darauf aufmerksam, daß Aldrin leicht in Dieldrin übergeht, das sehr viel toxischer ist. Wiewohl die Kontrollproben, Äpfel wie Karotten, Dieldrin an der Grenze der Nachweisbarkeit enthalten, findet man in 5 Proben von „biologischen" Äpfeln und 3 Proben von „biologischen" Kartoffeln bemerkenswerte Mengen dieses gefährlichen Pestizids. Bei DDT und seinen Abbauprodukten (DDD, DDE) sind die Ergebnisse nicht tröstlicher: in 5 Proben „biologischer" Äpfel sind sie enthalten, in 4 Proben mehr als bei den Kontrollen. Bei den „biologischen" Karotten enthalten 3 Proben mehr als eben nachweisbar ... Die „biologischen" Proben sind mindestens ebenso stark, wenn nicht stärker verunreinigt als die anderen." An Nitrat enthalten Karotten, „biologische" und nichtbiologische, mehr als die natürlich vorkommenden 10–30 ppm, 7 von 9 „biologischen" Proben mehr als 110 ppm.

Der einzige Unterschied zwischen „biologischen" und handelsüblichen Produkten ist der Preis. Der Bericht spricht von einer „Réalité consternante". „Wir können nicht sagen, ob dieses enttäuschende Ergebnis die Folge eines offensichtlichen Betruges auf der Stufe der Produktion ist (Anwendung von Pestiziden und Nitraten) oder auf der Stufe des Handels (Verkauf von nichtbiologischen Erzeugnissen) oder ob es auf der Tatsache beruht, daß man nicht in der Lage ist, gesünderes Obst und Gemüse zu produzieren. Das Endresultat ist dasselbe."

In diesem Zusammenhang interessant ist die Frage, wie der Bundesverband Deutscher Reformhäuser das *„Neuform"-Zeichen* verstanden haben will. Der *Arbeitskreis Lebensmittelchemischer Sachverständiger* „nimmt Kenntnis von der Auffassung des Bundesverbandes Deutscher Reformhäuser, wonach Neuform-Waren an Rückständen von pharmakologisch wirksamen Stoffen oder Schädlingsbekämpfungsmitteln in der Regel nicht mehr als ein Zehntel der festgesetzten Höchstmengen enthalten sollen. Das bedeutet nach Ansicht des Arbeitskreises, daß *Reformhauswaren* sich in dieser Hinsicht im allgemeinen *nicht wesentlich von sonstigen handelsüblichen Lebensmitteln unterscheiden.* Demgegenüber ist festzustellen, daß der Verbraucher von Reformhaus-Waren erwartet, daß diese sich auch in dieser Hinsicht von anderen Lebensmitteln immer wesentlich unterscheiden. In dieser Ansicht wird er durch die Aufmachung vieler Reformhaus-Waren bestärkt. Eine wesentliche

Unterscheidung liegt dann nicht vor, wenn ein Mehrwert von 0,01 mg/kg nicht überschritten wird, es sei denn, es werden durch andere rechtliche Vorschriften niedrigere Werte festgesetzt. Hinweise wie ‚auf Spritzmittelfreiheit geprüft', ‚biologisch kontrolliert' u. ä. sind als Hinweise auf Rückstandsfreiheit im Sinne des § 17 Abs. 1 Nr. 4 LMBG anzusehen und nur unter der Voraussetzung dieser Bestimmung zulässig" *(Bedeutung des Neuform-Zeichens).*

5.1.4 Ernährungsversuche an Menschen

Mit den Sinnesorganen kommt das, was wir essen, zuerst in Berührung: mit den Augen, mit den Geruchsorganen, mit den Geschmacksorganen und mit den Tastorganen.

Die Vertreter der biologisch-dynamischen Wirtschaftsweise sprechen gerne davon, daß ihre Produkte besser, differenzierter, kräftiger *schmecken und duften* als Produkte von Betrieben, die Mineraldünger verwenden. In methodisch einwandfrei angelegten und ausgewerteten Vergleichsuntersuchungen haben sich diese Behauptungen bis heute nicht beweisen lassen.

2 Beispiele: *Appledorf* u. a. (1974) haben 25 in „health food-Geschäften" erworbene Lebensmittel mit den entsprechenden, in üblichen Supermärkten erworbenen Waren verglichen. Ein aus 20 Mitgliedern bestehendes Panel bewertete die Qualität nach einer sinnesphysiologischen 9-Punkte-Skala. Die Varianzanalyse ergab, daß in vielen Fällen die konventionellen Produkte nach Farbe, Geschmack, Geruch und Textur bevorzugt wurden. Bei 3 der 25 Lebensmittel schnitten die „health foods" nach Farbe und Geruch besser ab. Die Autoren kommen zu der Schlußfolgerung: Der höhere Preis der „gesunden" Nahrungsmittel kam in *keinerlei genereller Bevorzugung der sensorischen Qualitäten* dieser Produkte zum Ausdruck.

Während in der Untersuchung von *Appledorf* u. a. die im Handel erworbenen Lebensmittel von unterschiedlichen Standorten kamen und somit nicht streng vergleichbar waren, haben *Schutz und Lorenz* 1976 über einen Versuch berichtet, bei dem vom Anbau über Ernte bis zur sensorischen Bewertung unter kontrollierten Bedingungen gearbeitet wurde. 2 Gemüse *(Kartoffeln und Kopfsalat)*, die roh serviert werden konnten, und 2 *(grüne Bohnen und Broccoli)*, die gekocht wurden, standen im Versuch. Verglichen wurden 3 Anbauvarianten: ungedüngt ohne Pestizidanwendung, mineralisch gedüngt mit Pestizidanwendung, organisch gedüngt ohne Pestizidanwendung. Ein Panel von 50 Verbrauchern erteilte nach der sinnesphysiologischen 9-Punkte-Skala Gesamtbewertungen ohne Aufgliederung nach Geschmack, Geruch usw. Eine vielseitige statistische Auswertung ergab bei Kopfsalat und grünen Bohnen keine signifikanten Unterschiede zwischen den 3 Anbauvarianten. Bei Karotten wurde eine signifikante Bevorzugung der Varianten „ungedüngt" und „konventionell" gegenüber „organisch" festgestellt, bei Broccoli dagegen schnitt „organisch" besser ab als die beiden anderen Varianten. Die Unterschiede waren jedoch gering, und die Autoren stellten fest: „Blickt man auf die Ergebnisse aller Bewertungen, dann war der Hauptbefund das *Fehlen unterschiedlicher Bewertung* hinsichtlich der Wachstumsbedingungen." Die Ergebnisse zeigen, daß der Verbraucher kein ansprechenderes Erzeugnis bekommt, wenn er „organisch" gewachsenes Gemüse kauft.

Vergleichende Geschmacksprüfungen, die in Baden-Württemberg durchgeführt wurden, hatten etwas andere Resultate: 1) Geschmacksprüfungen von Kartoffeln, 5 Prüfpersonen, Beurteilung 1 = sehr gut, Beurteilung 5 = sehr schlecht. Durchschnittsnote für biologisch-dynamische Produkte 3,5, für Handelsdüngerprodukte 1,7, für Stallmist + Handelsdüngerprodukte 2,8. 2) Geschmacksprüfungen von 4 Kartoffelsorten aus jeweils verschiedenen Herkunftsorten, Durchschnittsnoten biologisch-konventionell 3,9 – 3,9 / 4,1 – 4,4 / 5,4 – 5,1 / 4,7 – 4,7.

Bei Säuglingen und Lehrlingen, die teils stallmist- und mineralgedüngtes, teils allein stallmistgedüngtes (nicht biologisch-dynamisch erzeugtes) Gemüse bekommen hatten, ließen sich hinsichtlich *Wachstum, Körpergewicht, Infektionsresistenz und allgemeinen Gesundheitszustand keine Unterschiede* erkennen.

Daß spezifische Methoden der biologisch-dynamischen Forschung – *Kupferkristallisation, Steigbildmethode* – in der Lage sind, als Maßstäbe für den ernährungsphysiologischen und diätetischen Wert eines Nahrungsmittels zu dienen, ist nicht erwiesen. Solange dieser Beweis nicht erbracht ist, können die Methoden nicht in die Reihe der konventionellen Methoden aufgenommen werden. Nur sachgerecht angelegte und ausgewertete Vergleichsuntersuchungen, nicht Hypothesen und Diskussionen können Klarheit bringen. Ob die festgestellten Tatsachen dann auch von denen anerkannt werden, deren Hypothesen sie widersprechen, ist eine andere Frage.

5.1.5 Verbrauch und Vertrieb

Die Bezeichnung eines Nahrungsmittels als „biologisch" erweckt Vorstellungen von „Zurück zur Natur", von Ganzheit und Kraft und damit die Bereitschaft, mehr zu bezahlen als für ein gleichartiges Nahrungsmittel, das diese Bezeichnung nicht trägt. Der *Verbraucher muß sich deshalb darauf verlassen können,* daß das, was ihm als „biologisch" angeboten wird, sich auch tatsächlich von den landesüblichen marktgängigen Produkten unterscheidet.

Die Kunden der Reformhäuser und Bio-Läden sind nicht mehr ausschließlich Reformapostel, Hypochonder und Neurotiker, sondern ganz „normale" Leute, größtenteils jüngerer Altersklassen. Bei einer unlängst veröffentlichten Erhebung in 20 Bio-Läden waren ⅔ der Kunden Kinder, 66% aller Kunden Mädchen und Frauen unter 30 Jahren *(Eschenauer).*

Rund 2 Milliarden DM zahlten gesundheitsbewußte Bundesbürger 1981 für alternative Lebensmittel und Naturkosmetika. „Das alles wird zu Verkaufspreisen abgesetzt, die knapp verdienenden Konsumenten leicht den Appetit verderben. Die Bio-Produkte sind im Durchschnitt doppelt so teuer wie der entsprechende Artikel bei ‚Aldi' oder ‚Herti' ... ein halbes Pfund Butter, bei ‚Herti' 2,55 DM, ist in den Hamburger Bio-Läden nirgendwo unter 4,– DM zu haben ... Nach Kräften bemüht sich die Bio-Branche, ihre Kundschaft im Glauben ans Grüne zu festigen ... Von Zweifeln solcher Reklamepredigten hat sich die ‚Bioten-Bewegung' bislang nicht aufhalten lassen ... Skeptiker hegen ein doppeltes Mißtrauen: Längst nicht alles, so ihr Verdacht, diene der Gesundheit, was unter Hinweisen wie ‚kalorienarm', ‚cholesterinfrei' oder ‚hochproteinhaltig' in den Bio-Läden ausliege; vieles, was mit dererlei pseudowissenschaftlichen Werbesprüchen angepriesen werde, sei womöglich gar nicht auf dem Acker eines Bio-Bauern gewachsen ... Die hohen Preise sind der einzige Unterschied zu anderen landwirtschaftlichen

Produkten ... Was er dort vorfindet (der Verbraucher im Bio-Laden), wurde nämlich mit Gewißheit nur zum Teil bei alternativen Erzeugern hergestellt. Die Produktionskapazität aller deutscher Bio-Bauern, so schätzen Experten, reiche bestenfalls aus, um etwa 35 000 Dauerkunden mit Lebensmitteln zu versorgen. Da aber inzwischen einige hunderttausend Bundesbürger sich überwiegend alternativ ernähren, werden die Käufer vermutlich massenhaft mit Importware abgespeist. Die aber steht – zumal wenn sie aus Ländern der Dritten Welt kommt – unter besonders dringendem Giftverdacht ... Der Käufer möge (vor dem Wegweiser ‚Biologische Nahrungsmittel') bei der Auswahl tunlichst auf Markenzeichen wie ‚Demeter', ‚Biodyn' oder ‚Bioland' achten, die Gütesiegel der Alternativbauernverbände ... Die Bedingungen des sog. Schutzvertrages, den er (der Landwirt) mit dem ‚Demeterbund' abzuschließen hat, sind unkompliziert. Er muß ... schriftlich versichern, daß er in den zwölf Monaten davor an keinem Tag vom biologisch-dynamischen Wirtschaftsweg abgewichen sei ... Einbezogen in den ‚Demeter-Bund' sind aber auch die Verarbeiter und Händler ... Daß bei alledem alles mit rechten Dingen zugeht, kann der Verbraucher nur hoffen" (*Bio-Kost*, s. a. Tabellen 23, 24, 25).

5.1.6 „Biologisch" oder konventionell?

Eines steht außer Frage: im „biologischen" Landbau sind die Erträge geringer als im konventionellen Landbau. Dagegen lassen

Tabelle 23. Nitratgehalt in Kopfsalat und Möhren (Milligramm je Kilogramm). (Nach *Stan* 1982)

Ware aus herkömmlichem Laden		Kaufdatum	Ware aus „biologischem" Laden
1850	Kopfsalat	03.06.82	75
35	Möhren	03.06.82	204
2250	Kopfsalat	07.06.82	800
2250	Kopfsalat	11.06.82	410

Tabelle 24. Vitamin B_1- und B_6-Gehalt von Vollkornbroten. (Nach *Stan* 1982)

	Vitamine (mg/kg)		Herstellung	
	B_1	B_6		
Ware aus „biologischem" Laden				
Roggen-Sesam	2,2	2,0	Sauerteig	L[a]
Ganzkorn (Roggen)	2,8	2,1	Sauerteig	L
Soja-Weizen	2,2	2,0	Sauerteig	L
Rheinisches Vollkorn	1,5	1,7	Sauerteig	S
Weizen-Vollkorn	1,3	1,4	Sauerteig	S
Vierkorn	1,7	1,9	Sauerteig	L
Ware aus herkömmlichem Laden				
Rheinisches Vollkorn	2,3	2,0	Sauerteig	N
Rheinisches Vollkorn	0,3	1,3	Backhilfsmittel	
Hamburger Schwarzbrot	1,8	1,8	Sauerteig	N
Vollkorn-Katenbrot	2,4	2,2	Sauerteig	S, fK
Grahambrot (Weizen)	1,2	1,7	Sauerteig	S, fK
Dreikornbrot	1,6	1,8	Sauerteig	L

[a] L = lose, unverpackt; S = Schnittbrot, abgepackt in Folie; N = Aufdruck „Nur mit Natursauer"; fK = Aufdruck „Frei von Konservierungsstoffen"

sich im Nährstoffgehalt, im Ausmaß des Gehaltes an Verunreinigungen und Schadstoffen und in ihren Einflüssen auf den tierischen und menschlichen Organismus keine Unterschiede erkennen.

Der *„biologische" Landbau* legt Wert auf intensive Pflege des Bodens und vielseitige Fruchtfolge. Er verzichtet auf synthetische Mineraldüngung und weitgehend auch auf den chemisch-synthetischen Pflanzenschutz durch Pestizide. Der Arbeitsaufwand je Hektar ist deshalb größer als bei konventioneller Bewirtschaftung: bei Getreide 130, bei Kartoffeln 125–135 (den Arbeitsaufwand bei konventioneller Bewirtschaftung = 100 gesetzt).

Mit hohem Aufwand an Mineraldünger, Pestiziden und Kraftstoffen produziert demgegenüber die *konventionelle Landwirtschaft*

Tabelle 25. Rückstände von Pflanzenschutzmitteln[a] auf Obst und Gemüse in Milligramm je Kilogramm Ware; Angaben in Klammern = erlaubte Höchstmengen. (Nach *Stan* 1982)

	Herkunftsland	Pflanzenschutzmittel
Ware aus „biologischem Laden"		
Golden Delicious	–	n.n. = nicht nachweisbar
Renetten	I	n.n.
Orangen	–	n.n.
Golden Delicious	F	0,1 (2,0) Dithiocarbamate
Roter Delicious	F	0,05 (0,2) Dithiocarbamate
Tomaten	F	n.n.
Süßkirschen	F	n.n.
Kopfsalat	D	n.n.
Möhren	–	n.n.
Salatgurke	–	n.n.
Kopfsalat	–	n.n.
Zitronen	–	n.n.
Glockenapfel	D	0,6 (2,0) Dithiocarbamate 0,03 (1,5) Bromophos
Delicious	D	0,02 (1,5) Bromophos
Kopfsalat	–	n.n.
Orangen	I	n.n.
Ware aus herkömmlichem Laden		
Golden Delicious	–	0,10 (2,0) Dithiocarbamate
Roter Delicious	RCH	0,28 (0,5) Parathion 0,40 (0,1) Ethion
Orangen[b]	–	Orthophenylphenol 0,25 (2,0) Methidathion
Golden Delicious	F	0,10 (1,5) Dimethoat 0,25 (2,0) Phosalon
Starking (Apfel)	ZA	n.n.
Tomaten	NL	n.n.
Kirschen	F	n.n.
Kopfsalat	NL	0,17 (0,3) Quintozen

Tabelle 25 (Fortsetzung)

	Herkunftsland	Pflanzenschutzmittel
Möhren	I	n.n.
Gurken	NL	n.n.
Kopfsalat	–	n.n.
Zitronen[c]	E	Orthophenylphenol
Granny Smith	RA	0,05 (0,1) Ethion
Golden Delicious	–	n.n.
Kopfsalat	D	n.n.
Zitronen[c]	E	Orthophenylphenol

[a] Einschl. Oberflächen-Behandlungsmittel bei Zitrusfrüchten
[b] Nicht eindeutig als „unbehandelt" deklariert
[c] Als „unbehandelt" deklariert

Herkunftsländer: I = Italien, F = Frankreich, RCH = Chile, ZA = Südafrika, NL = Niederlande, E = Spanien, RA = Argentinien, D = Deutschland, – = Herkunftsland nicht erkennbar

sehr viel mehr Nahrungsmittel, als die Bundesbürger essen können und essen wollen. Die „Räumungskosten" allein für die im EG-Bereich überflüssige Milch betrugen 1981 nahezu 12 Millionen DM. Im Zuge der fortschreitenden Technisierung ist die Zahl der landwirtschaftlichen Betriebe seit 1960 um 40%, die Zahl der Arbeitskräfte in der Landwirtschaft um 60% zurückgegangen.

Die Wissenschaft gibt die Fakten. Auf dieser Grundlage geben persönliche Wertmaßstäbe die Antwort auf die Frage: „biologisch" oder konventionell? Wachsendes Verantwortungsbewußtsein für die Umwelt, Einsicht vor der begrenzten Menge verfügbarer Rohstoffe, Überdruß am Leben in Wohnkasernen einer Konsum- und Wegwerfgesellschaft schaffen dem biologischen Landbau immer neue Anhänger.

Es sind aber nicht nur Haltungen und Überzeugungen, die für den „biologischen" Landbau sprechen, es sind auch objektive Tatsachen. Höhere und immer noch höhere Erträge erstrebt die konventionelle Landwirtschaft. In diesem Zeichen zerstört sie die gewachsene Landschaft. Fortschrittshinderliche Bäume werden gefällt, Sträucher ausgerissen oder abgebrannt. Bäche und Teiche werden durch „Melioration" beseitigt, Moore und Heiden „urbar" gemacht, Feuchtgebiete „saniert", d. h. trockengelegt. Die Pflanzen, deren Lebensmöglichkeiten dadurch vernichtet sind, sterben aus, die übrigen werden durch Herbizide vernichtet: sie sind ja „Unkräuter". Tiere verlieren die Umwelt, an die sie angepaßt sind und in der sie leben können: Säugetiere, Vögel, Insekten, Würmer. Die übrigen werden durch Pestizide vernichtet: sie sind ja „Schädlinge". So groß und so flach wie möglich müssen die Ackerflächen sein, damit die Maschinen rationell pflügen, säen, Unkräuter und Schädlinge bekämpfen und ernten können.

Ein sinnvolles Spiel: *Die Bauern produzieren, die Politiker vernichten, und die Steuerzahler tragen die Kosten.*

5.2 Die Lehre von der Vollwertkost und ähnliche Lehren

Die Lehre von der Vollwertkost stammt von dem Rostocker Hygieniker *Kollath* (1892–1970). Sie stützt sich auf Untersuchungen, die er in den Jahren 1930–1942 durchgeführt hat und als Grundlagen für seine *Mesotrophie-Lehre* betrachtete. Mesotrophie im Sinne von *Kollath* bedeutet Halbernährung, Fehlernährung, die keine Mangelkrankheit sein muß und langes Leben ermöglicht, bei der aber häufig chronische Krankheiten auftreten. Eine besondere Rolle spielen im Rahmen dieser Theorie die *Auxone*, eine Gruppe von Wirkstoffen, die nicht genauer definiert sind.

Die Nahrung soll vollwertig, d. h. *„so natürlich wie möglich sein"*. Konzentrierte Natur ist Getreide und das (*Bircher-Benner* nachempfundene) „Kollath-Frühstück". Die Untersuchungsergebnisse von *Kollath* konnten sachkundige Nachuntersucher nicht bestätigen. Die aus den Ergebnissen abgeleiteten Hypothesen erwiesen sich als unhaltbar, und so ist die *Kollath*sche Lehre in der Versenkung verschwunden. Neuerdings ist sie wiederentstanden, gemäß der bekannten Erfahrung: eine alte Lehre kommt wieder an die Oberfläche, wenn die Generation derjenigen, die sie als irrig erkannt haben, abgelöst worden ist durch die nächste Generation, die von dem Vergangenen nichts mehr weiß. Es entspricht auch der

Erwartung, daß es nicht kritisch-erfahrene Ärzte sind, die jetzt die „Vollwert-Ernährung“ zu neuem Leben erwecken wollen, sondern Ökotrophologen und Ernährungsberater.

An *Ernährungslehren verschiedenster Observanz ist kein Mangel.* Die Ernährung war zu allen Zeiten ein beliebtes Wirkungsfeld für Reformer und Propheten, für Reformwarenproduzenten und Reformhausinhaber. Jede Lehre erhebt den Anspruch, die einzig wahre und richtige Lehre, der einzig wahre und richtige Weg zur Gesundheit, Kraft und Fröhlichkeit zu sein. In der einen Lehre sind es *Vollkornbrot und angekeimte Getreidekörner,* die unerläßlich sind für jeden, der gesund bleiben und werden will. Der Symbolwert von Getreide wird in Nährwert übersetzt. In anderen sind es die *basischen Nährstoffe, Vitamine aller Art und Menge, Seefische und Ölsardinen, Molke, altbackene Brötchen, brauner Zucker* und vielerlei Produkte mit der Vorsilbe *„Bio“* oder *„Natur“.* Als gefährlich gelten, je nach Lehre, „unnatürliche“ Nahrungsmittel, polierter Reis, weißer Zucker, tierisches Eiweiß.

Eine große Rolle spielt die *„Entschlackung“* mit Hilfe von Abführmitteln, Kräutertees und „Heilwässern“. Der Mangel an Sachkunde wird durch lautstarke Werbung mit möglichst vielen wissenschaftlich klingenden Ausdrücken ersetzt. Wer die Vorschriften der richtigen Lehre nicht befolgt und nicht die richtigen Dinge einkauft, hat es sich selbst zuzuschreiben, wenn er in Siechtum und Krankheit verfällt. Spätestens sofort muß er sich wandeln.

Übersichtliche Zusammenstellungen der vielerlei Health foods, Cults und Quackeries, über Metaphysics, Food Faddism und Hogwash gibt es in der amerikanischen Literatur.

5.3 Makrobiotik

Die Makrobiotik ist eine philosophische Lehre mit einem System von Ernährungsvorschriften. Sie unterscheidet sich dadurch von vielerlei naiv-verschwommenen landläufigen Lehren von Ernährung, „Natürlichkeit“ und Gesundheit.

Der Schöpfer der Makrobiotik ist *G. Oshawa.* Nach seiner Definition ist Makrobiotik „ein tiefes Verstehen der Naturordnung, dessen praktische Anwendung uns ermöglicht, reizvolle, köstliche

Tabelle 26. Die makrobiotischen Kostformen[a]. (Aus *Breuer* 1979)

Stufe	Getreide- (Vollkorn-) Produkte	Gemüse	Suppen	Tierische Produkte	Salate und Obst	Süße Speisen	Getränke
7	100%	–	–	–	–	–	Mäßig
6	90%	10%	–	–	–	–	Mäßig
5	80%	20%	–	–	–	–	Mäßig
4	70%	20%	10%	–	–	–	Mäßig
3	60%	30%	10%	–	–	–	Mäßig
2	50%	30%	10%	10%	–	–	Mäßig
1	40%	30%	10%	20%	–	–	Mäßig
–1	30%	30%	10%	20%	10%	–	Mäßig
–2	20%	30%	10%	25%	10%	5%	Mäßig
–3	10%	30%	10%	30%	15%	5%	Mäßig

[a] In seinem Buch (1978) stellte OHSAWA eine große Rezeptsammlung für die Grundnahrung aus Getreideprodukten, wie für die „begleitende" Ernährung und die Getränke zusammen. Viele Produkte stammen aus Übersee. Aus den in der Tabelle aufgeführten Sammelbezeichnungen „Gemüse", „Suppen" usw. kann daher nicht auf die Zusammensetzung geschlossen werden

Tabelle 27. Makrobiotische Kostformen für die verschiedenen Jahreszeiten. (Aus *Groot* 1978)

	Winter	Herbst und Frühjahr	Sommer
Getreideprodukte	70–90%	50–70%	30–50%
Gemüse	10–30%	30–50%	50–70%
Bohnen	5–10%	7–12%	10–15%
Seetang	5–10%	7–12%	10–15%
„pressed salad"	5–10%	7–12%	10–15%
Fisch	10%	5%	2%

Mahlzeiten zusammenzustellen und ein glückliches und freies Leben zu führen".

Die Kost hat 10 Stufen. Sie geht aus von einer gemischten Fleisch-Gemüse-Cerealien-Kost und endet auf der höchsten Stufe mit einer Kost, die ausschließlich aus Cerealien besteht (Tabellen 26, 27). In den Lehren *Oshawas* spielen die Vorstellungen der traditionellen chinesischen Kochkunst eine Rolle. Die Grundlage dieser Kochkunst ist das Wissen um die Bipolarität aller Lebenserscheinungen.

Die Chinesen nannten schon vor 5000 Jahren die bipolaren Kräfte des Lebens „*Yin*" und „*Yang*". Im Prinzip basiert alles auf den legendären kosmischen Kräften, die von den Einflüssen von Yin und Yang ausgehen. Diesen Einflüssen soll auch das Biologische, also auch die Nahrung unterstehen. Yin und Yang sind einerseits antagonistische, andererseits aber auch sich ergänzende Kräfte. Würde man sie mit den physikalischen Begriffen der Zentrifugal- und Zentripetalkraft vergleichen, so würde Yang der Zentripetalkraft und Yin der Zentrifugalkraft entsprechen. Yang symbolisiert die zum Mittelpunkt strebende Kraft. Die Yang-Kraft gilt auch als maskulin, hell, warm und aggressiv. Yin dagegen symbolisiert die Kraft, die sich ausdehnt. Die Yin-Kraft gilt als weibliche Kraft, die Stille, Ruhe, Kälte und Dunkelheit erzeugt... Das makrobiotische Prinzip beruht auf der Ausgewogenheit dieser beiden Kräfte *(Breuer)*.

„Der *Wert eines Nahrungsmittels* wird praktisch ausschließlich durch sein *Yin-Yang-Verhältnis* bestimmt. Einige Nahrungsmittel sind mehr Yin, andere mehr Yang. Nach *Oshawa* hat das Vollkorngetreide das ideale Yin-Yang-Verhältnis und sollte deshalb die Grundlage unserer Ernährung bilden – im Idealfall zu 100%. Zum Vollkorngetreide zählt nicht nur Naturreis, sondern auch Buchweizen, Weizen, Roggen, Hafer, Mais und Hirse... Eine Krankheit, die beispielsweise durch starke Yang-Ernährung verursacht wurde, könnte mit Yin-Ernährung bekämpft werden – und umgekehrt. Es soll keine Krankheit geben, die nicht durch eine ausschließliche Ernährungsbehandlung geheilt werden könne... Auch durch die Zubereitung kann man manchen Speisen mehr Yang- oder Yin-Charakter geben und damit versuchen, ein optimales Yin-Yang-Verhältnis zu erhalten. Yinisieren erfolgt durch Abkühlen, Verdünnen und durch Zusatz von sauren und süßen Stoffen. Yangisieren geschieht durch Wärmebehandlung, durch Wasserentzug und durch Zusatz von Salz. Die richtige makrobiotische Zubereitung ist eine sakrale Kunst. Auch für die richtige Zusammenstellung der Nahrungsmittel nach dem makrobiotischen Prinzip muß man die Yin- und Yang-Tendenzen der Nahrungsmittel kennen" *(Breuer).*

Die makrobiotische Transformationstheorie besagt, alle notwendigen *Nährstoffe könnten im Organismus aus anderen Bestandteilen aufgebaut werden.*

Auf ihren Endstufen ist die makrobiotische Kost eine *Mangelkost.* Es fehlt ihr an Wasser, hochwertigen Eiweißstoffen, Fett, Vitamin A und Vitamin C, an ausreichenden Mengen von anderen Vitaminen und an den meisten elementaren Nährstoffen. Die Behauptung, es gäbe keine Krankheit, die nicht durch makrobiotische Kost geheilt werden kann, ist unbewiesen. Die Erfahrung lehrt, daß es, wie nicht anders zu erwarten, unter makrobiotischer Ernährung zu Mangelzuständen an Eiweißstoffen, Vitamin A und C und hoher Infektionsanfälligkeit kommen kann. Die Empfehlung, nach wenigen Tagen auf die Kostform Stufe 7 überzugehen, endete mehrfach mit dem Tode und gerichtlichen Maßnahmen gegen die Oshawa Foundation in New York. Die Makrobiotik-Kost ist vielleicht die gefährlichste von den üblichen Kostformen für heranwachsende Kinder. Strikte Einhaltung der strengen Form der Kost kann Skorbut, Anämie, Hypoproteinämie, Hypocalciämie, Auszehrung und selbst Tod zur Folge haben. Der *Council on Food and Nutrition der American Medical Association* hat deshalb 1971 ausdrücklich auf die Gefahr der Makrobiotik-Kost hingewiesen.

Bei Säuglingen steht das schlechte Wachstum im Vordergrund. *Roberts* u. a. haben 1979 über 4 Säuglinge von 3 Elternpaaren berichtet. 3 waren ausschließlich mit Kokoh, einer makrobiotischen Kindernahrung aus Reis, Weizen, Hafer, Bohnen und Seammehl ernährt worden, 1 bekam nur ungekochtes Obst und Gemüse. Alle 4 Säuglinge waren im Wachstum zurückgeblieben, extrem mager, lethargisch, anämisch, rachitisch, ödematös, hypothermisch. Hausbesuche zur Feststellung, ob die Säuglinge im Anschluß an die klinische Behandlung ausreichend ernährt wurden, ließen sich nur durch Gerichtsbeschluß durchsetzen. *Roberts* u. a. sprechen von einer „form of child abuse".

5.4 Der Vegetarismus

5.4.1 Die Idee des Vegetarismus

Vegetarismus ist eine Idee, eine Lehre. Die Idee, Jahrtausende alt, war und ist in vielen Kulturkreisen lebendig und verpflichtend für ihre Anhänger. In England begann die vegetarische Bewegung als christlich begründete Lehre um das Jahr 1800, in Deutschland als Reformbewegung vor etwa 100 Jahren.

Der angelsächsische Terminus „*Vegan*" bezeichnet Vegetarier, die sich nicht nur rein vegetarisch ernähren, sondern aufgrund ihrer Philosophie auch einem *spezifischen Lebensstil* anhängen.

Aus der Grundidee der *Ehrfurcht vor dem Leben* ergibt sich für die Ernährung ein System spezieller Gebote und Verbote. Das Wort vegetabilis bedeutet pflanzlich; vegetare heißt beleben, wachsen, treiben. Es hat heute aber auch die Bedeutung von kümmerlich dahinleben, vegetieren.

Vegetarismus als *Kostform* ist eine Ernährungsweise, die sich auf pflanzliche Nahrungsmittel beschränkt. Kostformen, in denen Nahrungsmittel tierischer Herkunft – Milch und Eier – erlaubt sind, tragen den Namen vegetarisch zu Unrecht. Bezeichnungen wie „milder Vegetarismus", „erweiterter Vegetarismus" für solche Kostformen verschleiern die Realität.

Eine *Inkonsequenz* liegt auch im strengen Vegetarismus, wenn er in der Ehrfurcht vor dem Leben Nahrungsmittel tierischer Herkunft verbietet, *Nahrungsmittel pflanzlicher Herkunft jedoch erlaubt.* Auch die Pflanze ist ein Lebewesen. Tierisches Leben ist nicht „höher" als pflanzliches Leben. Der Lippenblütler steht in seiner Organisation nicht „tiefer" als die Amoebe. Hat die Pflanze nur deswegen keinen Anspruch auf Ehrfurcht, weil menschliche Ernährung ohne Vernichtung pflanzlichen Lebens nicht möglich ist?

Aber selbst *unter den Tieren* kennt diese Ehrfurcht vor dem Leben eine *Wertskala.* Es gibt überzeugte Vegetarier, die die Ameisen in der Küche und die Stechmücken im Garten vernichten. In den Hungerzeiten, da die meisten Menschen an Eingeweidewürmern litten, haben wir Vegetarier behandelt, die von ihren Askariden befreit sein wollten. Der Buddhist ist konsequenter als der europäische Vegetarier: Er darf kein Geschöpf töten, nicht einmal einen

Wurm oder eine Ameise. Er darf kein Wasser trinken, in dem tierisches Leben in irgendeiner Form enthalten sein könnte. Sehr viel weniger anspruchsvoll ist der Vegetarismus, wie er heute in der westlichen Welt praktiziert wird. Er verbietet lediglich Fleisch, gestattet aber Milch und Eier.

Eine Sonderform der vegetarischen Kost ist die *Rohkost im Sinne von M. Bircher-Benner* (1867–1939). Dem Zeitgeist entsprechend, hat *Bircher-Benner* seine aus persönlichen Vorstellungen vom Naturgeschehen geborene Lehre nicht metaphysisch, sondern *mit naturwissenschaftlichen Begriffen* zu begründen versucht. „Für die menschliche Ernährung haben Früchte, Nüsse, Rohsalate den höchsten Nährwert; mittleren Nährwert haben Brot und gekochte Vegetabilien, den niedrigsten Nährwert haben die von Tieren stammenden Nahrungsmittel."

Seine Theorien von „Sonnenlichtpotential", „trüblichtiger Nahrung", „Nahrungsintegral", „magnetischen Kräften in der lebenden Substanz" sollen erklären, weshalb eine Ernährung mit dem geschälten Getreidekorn Ernährungsstörungen hervorruft, während Korn mit Samenhaut die Gesundheit erhält. Das von der Natur aufgebaute Pflanzenorgan ist die ‚integrale Einheit des Nahrungsprinzips'. Zu den physikalischen Vorstellungen dieser Theorien meinte der Physiker *Jordan,* „es liege offenkundig die Unzulänglichkeit der benutzten und propagierten physikalischen Beweisführung für jeden Physiker zutage". Den Beweis für ihre Überlegenheit gegenüber anderen diätetischen Kostformen hat die Rohkost im übrigen nicht erbracht.

Eine vegetarische Kostform, die, verbunden mit allgemeinen Lehren über die Lebensführung, den „Weg zu einer neuen Menschheit" weist, ist die *Waerland*-Kost. Nach *Waerlands* Lehre muß man „den Schluß ziehen, daß die Natur den menschlichen Körper nur für eine *lactovegetabilische Nahrung* vorgesehen und einer solchen angepaßt hat. Außerdem geht daraus hervor, daß diese Nahrung so weit wie möglich ‚biologisch' gezogen, frei von Kunstdünger und allen Spritzgiften und so wenig wie möglich behandelt sein soll. Unter diesen Voraussetzungen soll sie dann tunlichst so genossen werden, wie die Natur sie uns bietet. Eine weitere Forderung ist, daß sich die Nahrung und die Getränke harmonisch in den täglichen körperlichen Rhythmus einfügen". Die *Waerland*-Anhänger bilden eine kleine Gemeinde, die in der Öffentlichkeit wenig hervortritt.

Wie alle Anhänger von Glaubensbewegungen sind *überzeugte Vegetarier potentielle Missionare.*

In seinen „Ideen zur Philosophie der Geschichte der Menschheit" hat sich vor 200 Jahren *Johann Gottfried Herder* auch mit dem Unterschied zwischen Pflanzenfressern und Fleischfressern befaßt. Den pflanzenfressenden Elefanten nennt er „einen König der Tiere in weiser Ruhe und verständiger Sinnesreinheit". „Der Löwe dagegen, welch ein anderer König der Tiere! Auf Muskeln hat es die Natur bei ihm angerichtet, auf Sanftmut und Verständigkeit nicht." Nur die „weise Ruhe und verständige Sinnesreinheit" des Pflanzenfressers ermöglichen seine Haltung als Haustier.

Herder war protestantischer Pastor. Daß seine Sympathie den Pflanzenfressern galt, ist daher verständlich: „Fleisch ist tierisch, tierisch aber ist sinnlich, ist unzivilisiert, unberechenbar, triebhaft, blutrünstig. Das Pflanzenhafte hingegen ist blumengleich sanft, brav, geduldig, unbeweglich. Viele Vegetarier lassen mehr oder weniger deutlich durchblicken, daß die Enthaltung von Fleischgenuß die Einschränkung geschlechtlicher Bedürfnisse zur Folge habe und daß sie u. a. deswegen zu Vegetariern geworden sind" *(Schlegel).*

Im mittleren Osten und in den *Mittelmeerländern* sind vegetarische Essensvorschriften zumeist nur von der Geistlichkeit und von besonders strengen Laien strikt eingehalten worden. Auch bei den fleischessenden *Moslems* gilt Schlachten als unrein machend.

Der *Apostel Paulus* war da toleranter. „Der eine glaubt, es schade ihm nicht, wenn er Fleisch ißt und genießt, was ihm schmeckt, der andere hat die Erfahrung gemacht, daß bei einem bescheidenen, einfachen Essen sein Herz freier ist, mit Gott zu leben. Wer sich die Genüsse der Tafel zutraut, der soll den anderen, der sie meidet, nicht verachten. Wer sich einen Genuß versagt, der mache daraus kein moralisches Gesetz für den anderen, denn den einen wie den anderen hat Gott angenommen" (Römerbrief 14, 2–3).

5.4.2 *Nährwert der vegetarischen Kost*

In ihrem Gehalt an Nährstoffen unterscheidet sich die vegetarische Kost von den landesüblichen Kostformen durch Proteinarmut und das Fehlen tierischer Proteine und Fette, durch geringen Gehalt an Eisen, Kochsalz, Vitamin B_{12}, Folsäure und Vitamin D und hohen Gehalt an unverdaulichen Nahrungsbestandteilen.

Englische Forscher haben einmal eine Woche lang den *Nährstoffgehalt der Kost von 119 strengen Vegetariern* ermittelt: „Der mittlere Tagesverzehr je Kopf betrug 235 g Brot und andere Cerealien, 39 g Hülsenfrüchte, 103 g Nüsse und Samen, 34 g Öle und Fette, 1718 g Obst und Gemüse und 31 g Zucker und Süßigkeiten. Diese Kost brachte 2410 kcal (10122 kJ), 65,5 g Proteine, 825 mg Calcium, 21,2 mg Eisen, 7289 IE Vitamin A, 2,13 mg Thiamin, 1,35 mg Riboflavin, 16,4 mg Nicotinsäure und 201 mg Ascorbinsäure. Im ganzen war die Nährstoffzufuhr ausreichend ... Der Riboflavingehalt von 29 der 80 Kostformen war eindeutig unzureichend bei Vergleich mit den empfohlenen Richtlinien des National Research Council der USA. Der Nährwert des Proteingemisches einer durchschnittlichen vegetarischen Kost, bestimmt an jungen Ratten, ist niedrig. Dem Gemisch fehlte es an Methionin und Tryptophan, während sein Gehalt an Lysin ausreichend zu sein schien."

Mengenmäßig läßt sich der Proteinbedarf mit rein pflanzlicher Nahrung decken. Abgesehen von den Hülsenfrüchten sind die pflanzlichen Nahrungsmittel jedoch proteinärmer als die tierischen. Die Schwierigkeiten einer ausreichenden Proteinversorgung liegen bei vegetarischer Ernährung vor allen Dingen darin, daß die Nahrungsmittel pflanzlicher Herkunft *weniger essentielle* (lebensnotwendige) *Aminosäuren* enthalten: Ihr biologischer Wert ist geringer als der biologische Wert der Eiweißstoffe tierischer Herkunft.

Dazu einige Zahlen: Setzt man den biologischen Wert von Vollei = 100, dann liegt der biologische Wert von Magermilchpulver bei 90, von Rindfleisch bei 76, von Käse bei 70, von Vollweizen bei 67 und von Haferflocken bei 65. Die Proteine pflanzlicher Herkunft werden überdies bei der Verdauung schlechter ausgenutzt: Proteine von Vollei und Rindfleisch zu 97–98%, von Kuhmilch zu 94%, von Kartoffeln zu 80%, von grobem Weizenbrot zu 70% und von Obst zu 20–90%.

Grundsätzlich ist es wohl möglich, mit vegetarischer Kost genügend Proteine zu bekommen. Man darf dabei nur nicht außer acht lassen, daß *der geringere biologische Wert der pflanzlichen Proteine durch größere Proteinmengen ausgeglichen werden muß.* Diesem Ziel dienen auch Industrieerzeugnisse aus Konzentraten pflanzlicher Eiweißstoffe.

Verzichtet man im Speisezettel auf reine Pflanzenfette – Maiskeimöl, Sojaöl u. a. –, dann ist die vegetarische Kost *fettarm.* Pflanzliche Fette enthalten sehr viel mehr *hochungesättigte Fettsäuren* als tierische Fette: Butter 2–4% des Gesamtfettes, Maisöl 56–60%. Der Gehalt an diesen Fettsäuren ist ernährungsphysiologisch belanglos. Die Lehre von der krankheitsverhütenden Fähigkeit der hochungesättigten Fettsäuren hat sich als unbegründet erwiesen.

Ein Engpaß bei vegetarischer Ernährung ist die Versorgung mit *Calcium.* Milch und Käse sind die Haupt-Calcium-Quellen der landesüblichen Kost. Sie machen bis zu 60% des Gesamt-Calcium-Gehaltes der Nahrung aus. Diese Calcium-Quellen entfallen bei vegetarischer Kost. Das in den pflanzlichen Nahrungsmitteln enthaltene Calcium wird außerdem schlechter ausgenutzt als das Calcium tierischer Herkunft, weil Oxalsäure und Phytinsäure, die in vielen pflanzlichen Nahrungsmitteln vorkommen, die Calcium-Aufnahme im Darm hemmen. Es gibt aber Beobachtungen, die dafür sprechen, daß bei Vegetariern wider Erwarten Zustände von Knochenentkalkung (Osteoporose) seltener sind als bei landesüblich ernährten Menschen.

Wo die Nahrungswahl weder durch äußeren Zwang noch durch Ernährungslehren beeinflußt ist, liegt der *Kochsalzverbrauch,* offensichtlich also das Kochsalz*bedürfnis,* bei überwiegend pflanzlicher Kost höher als bei gemischter Kost. Ethnologische Beobachtungen sprechen im gleichen Sinne.

Viele Vegetarier sind jedoch Kochsalzgegner. In ihrer Ideologie ist Kochsalz ein gesundheitsschädlicher, gefährlicher Stoff. Manche halten Meersalz, das zu 85% aus Kochsalz besteht, für „natürlicher" als landesübliches Kochsalz und deshalb für erlaubt (s. S. 33).

Vegetarische Kost ist *eisenarm.* Leber und Nieren enthalten 10 mg/100 g. Der Eisengehalt unserer landesüblichen Gemüsesorten liegt zwischen 0,5 und 1,5, der Eisengehalt der landesüblichen Obstsorten zwischen 0,5 und 1,0 mg/100 g. Eine Ausnahme macht lediglich der Spinat mit 3,0 mg/100 g. Ähnlich wie das Calcium wird auch das in den pflanzlichen Nahrungsmitteln enthaltene Eisen schlecht ausgenutzt, d. h. zu einem geringeren Teil im Darm resorbiert als das Eisen tierischer Nahrungsmittel: das Eisen in Fisch- und Warmblüterfleisch zu 11–22%, das Eisen von Sojabohnen zu 7%, das Eisen von Reis und Spinat nur zu 1%.

Die Gefahr, in einen *Eisen-Mangelzustand* zu geraten, ist demnach bei vegetarischer Ernährung größer als bei gemischter Kost. Vielleicht wird er oft gar nicht als solcher erkannt.

Heinrich beobachtete innerhalb eines Jahres 2 Kinder und einen Erwachsenen mit Eisen-Mangelanämie infolge Eisen-Mangelernährung bei nachweislich ungestörter Resorption des Nahrungs-Eisens. Alle 3 waren seit mehreren Jahren Lacto-Vegetarier.

Anämien als Folgen von *Vitamin B_{12}-Mangel* sind im allgemeinen selten, weil alle Nahrungsmittel tierischer Herkunft Vitamin B_{12} enthalten. Niederes Vitamin B_{12}-Niveau im Blut ohne spezielle Mangelerscheinungen und mit normalem Blutfarbstoffgehalt hat man aber bei Vegetariern wiederholt gefunden. Offensichtlich ist selbst eine gut gewählte vegetarische Kost sehr oft eine Vitamin B_{12}-Mangelkost. Dazu kommt, daß die in der vegetarischen Kost reichlich enthaltenen Faserstoffe („Ballaststoffe") Vitamin B_{12} binden, so daß es mit dem Stuhlgang ausgeschieden wird. Vitamin B_{12}-Mangel hat man bei dem brusternährten Säugling einer strengen Vegetarierin festgestellt.

Mit Blutarmut verbundenen Störungen des Nervensystems, die auf Vitamin B_{12}-Mangel der Kost beruhten, sind sowohl bei europäischen wie bei asiatischen Vegetariern nachgewiesen worden. Im allgemeinen scheint aber rein pflanzliche Kost zu normaler Blutbildung zu genügen unter der Voraussetzung, daß sie aus einer Mischung von ungereinigten Getreideprodukten, Hülsenfrüchten, Nüssen, Obst und Gemüsen besteht. Eine Ergänzung durch Vitamin B_{12}-Zulagen ist dann nicht erforderlich.

Der Gehalt des Blutserums an dem Vitamin *Folsäure* lag bei 34 Vegetariern einer Untersuchungsreihe höher als bei nicht vegetarisch lebenden Vergleichspersonen.

Ein Engpaß für den Vegetarier ist aber das *Vitamin D*, weil die tierischen Nahrungsquellen, die das Vitamin bringen, in der Kost des strengen Vegetariers ganz fehlen. Vielleicht liegt hier die Erklärung dafür, daß Vegetarier-Kinder nicht selten rachitisch und kleiner sind als andere Kinder und daß die Wachstumsgeschwindigkeit der unter 2 Jahre alten Kinder geringer ist. Der Reichtum der vegetarischen Kost an *unverdaulichen Faserstoffen*, an „Ballaststoffen", ist dem einen ein Beweis der „Natürlichkeit" und des hohen Wertes dieser Kostform, dem anderen ist er belanglos oder wegen des großen Volumens unerwünscht.

Mit großem propagandistischen Aufwand werden heute die *Thesen von Burkitt* in die Öffentlichkeit getragen. *Nach Meinung Burkitts begünstigt ballaststoffarme Ernährung die Entstehung von Dickdarm-Karzinomen, Dickdarmdivertikeln, Appendizitis und anderen Krankheiten.* Die Beweisführung von *Burkitt* stützt sich darauf, daß diese Krankheiten um so häufiger auftreten, je mehr verwestlicht und industrialisiert das Land ist. Ohne Einschränkung gilt auch heute noch die zusammenfassende Feststellung des *Food and Nutrition Board* vom Jahre 1980: „In epidemiologischen Beobachtungen wurde berichtet von Assoziationen zwischen kalorienreichen, fettreichen und faserarmen Kostformen mit Kolon-Karzinomen ... Der Board glaubt, daß es heute mangels von Beweisen einer kausalen Beziehung zwischen den Hauptnahrungsbestandteilen und Karzinombildung *keine Grundlage gibt für Empfehlungen, die Anteile der Hauptnährstoffe in der amerikanischen Kost zu ändern.*"

5.4.3 Für und Wider den Vegetarismus

Vegetarische Ernährung ist reich an voluminösen Ballaststoffen und relativ knapp an *Energie* (Kalorien) und *Proteinen.* Die Proteine der pflanzlichen Kost sind, jedes für sich genommen, biologisch weniger wertvoll als die Proteine der Nahrungsmittel tierischer Herkunft. Verschiedene pflanzliche Proteine können sich ergänzen und dadurch den Wert des Gesamtproteins erhöhen (z. B. Kombination von Getreideprodukten mit Bohnen, Sojabohnen oder Erbsen). Die Gefahr anderer Mängel ist gering, wenn der Speisenplan vielseitig gestaltet wird. Ausreichende Versorgung mit den meisten

Vitaminen und anderen Nährstoffen läßt sich durch Hülsenfrüchte, Vollkornerzeugnisse, Nüsse, Samen und grüne Gemüse sicherstellen. Hülsenfrüchte bringen B-Vitamine, Eisen und Protein, Vollkorn bringt Thiamin, Eisen, Spurenelemente, Kohlenhydrate und Proteine. Nüsse und Samen bringen B-Vitamine, Eisen und Fett. Grüne Blattgemüse bringen Calcium und Riboflavin. Der Mangel an Vitamin B_{12} läßt sich zuverlässig vermeiden, wenn man gelegentlich Vitamin B_{12} in Tablettenform gibt oder in Gestalt von vitaminangereicherten pflanzlichen Nahrungsmitteln (mit Vitamin B_{12} angereicherte Soja- oder Nuß-„Milch").

Überzeugte Vegetarier pflegen keine Urbilder von strahlender Gesundheit, Kraft und Fröhlichkeit zu sein. Ihr Ideal ist Mäßigkeit in allen Dingen, Genügsamkeit, „Naturverbundenheit", mehr im kontemplativen Sinne als im aktiven Einsatz. Wenn Vegetarier außergewöhnliche körperliche Leistungen vollbringen, dann sind das in der Regel Dauerleistungen, Gepäckmärsche und Langläufe, nicht konzentrierte Kraft- und Konzentrationsleistungen wie Kugelstoßen, Hochsprung oder 100-m-Lauf. *Die Freude am Essen ist beim Vegetarier wohl mehr die Befriedigung, einer Idee zu dienen, weniger die Lust am naiv-sinnlichen Genuß.*

Literaturhinweise

Bedürfnis und Bedarf

Solms, S., Hall, R. L.: Criteria in food acceptance. Forster. Küssnacht 1981

Yudkin, J.: Diet of Man. Needs and Wants. Appl. Sci. Publ. London 1978

Nährstoffbedarf

Dokkum, W. van et al.: Physiological effects of fibre rich types of bread. Brit. J. Nutr. 47, 451, 1982

Glatzel, H.: Sinn und Unsinn in der Diätetik. Urban & Schwarzenberg. München/Wien/Baltimore 1978

Glatzel, H.: Wege und Irrwege moderner Ernährung. Hippokrates. Stuttgart 1982

Howell, J. M. C. et al.: Trace element metabolism in man and animals. Proc. of the 4th Internat. Sympos. 1982

Food and Nutrition Board: Recommended Dietary Allowances, 9th Edn. Washington 1980

Health Queckery. Consumers Un.: Report in False Health Claims, Worthless Remidies a. Unproved Therapies. Consumers Union, Me. Vernon/ New York 1980

Jenkins, G. N.: Fluoride a. the fluoridation of water in A. Neuberger, T. H. Jukes, Human Nutrition, 23. MTG Press Lim. Lancaster 1982

Verbrauch und Verzehr

Bennett, M. K., Peirce, R. H.: Changes in the American national diet 1979–1959. Food Res. Inst. Studies. Stanford Univ. 2, 95. 1961

Ernährungsbericht 1980. Dtsch. Ges. f. Ernährung. Frankfurt/M.

Statistisches Jahrbuch f. d. Bundesrepublik Deutschland 1981. Kohlhammer, Stutgart/Mainz

Gift in der Nahrung

Berg, H. W., Diehl, J. F., Frank, H. K.: Rückstände u. Verunreinigungen in Lebensmitteln. Steinkopff. Darmstadt 1978

Liebenow, H., Liebenow, K.: Gfitpflanzen. Lizenzausgabe VEB Gustav Fischer, Jena. Enke, Stuttgart 1982

Nutrient Toxicity. Nutr. Rev. 39, 249. 1981

Truhaut, R., Ferrandes, R., Eds.: Toxicology of Nutrition. World Rev. Nutr. Diet. Karger. Basel/München/New York/London/Sidney 1978

Alternative Ernährungslehren

Biologischer Landbau

Alternativen im Landbau. Schriftenreihe d. Bundesministers f. Ernährung, Landwirtschaft u. Forsten. Reihe A. Angewandte Wissenschaft, Heft 263. Landwirtschaftsverlag Münster – Hiltrup 1982

Petersson, B. D.: Konventionell und biologisch-dynamisch erzeugte pflanzliche Nahrungsstoffe im Vergleich. Alternativen im Landbau 218. 1982

Vollwertkost

Kollath, W.: D. Vollwert d. Nahrung. Wissenschaftl. Verlagsgesellschaft. Stuttgart 1950

Miller, I. A.: The new metaphysies. Nutrit. Rev. 38, 53. 1980
Walb, L., Walb, J.: Die Hay'sche Trennkost. Haug. Ulm 1958

Makrobiotik

Clausmitzer, J.: Wegweiser i. d. Makrobiotik. 5. Aufl. Drei Eichen Verlag 1979

Vegetarismus

Bircher-Benner, M.: Eine neue Ernährungslehre. 5. Aufl. Wendepunkt Verlag. Zürich 1933
Heide, M.: Vegetarische Ernährung. Paracelsus Verlag. Stuttgart 1978
Jordan, P.: Physikalische Grundlagen d. Ernährungslehre von Bircher-Benner. Ernährung 1939.8

Sachverzeichnis

K. Herrmann

Exotische Lebensmittel

Inhaltsstoffe und Verwendung

Für Biologen, Chemiker, Mediziner und Hobby-Köche

1983. 21 Abbildungen, 21 Tabellen. X, 175 Seiten
DM 29,80. ISBN 3-540-12054-8

Inhaltsübersicht: Einleitung. - Obst. - Weine. - Nüsse. - Gemüse. - Leguminosen/Hülsenfrüchte/ Sojabohnenprodukte. - Stärkereiche Lebensmittel/ Bierähnliche Getränke. - Gewürze. - Ausblick auf exotische Lebensmittel des Tierreichs. - Anhang. - Sachverzeichnis.

Kiwis und Granatäpfel sind für den reiselustigen Mitteleuropäer inzwischen vertraute Genüsse geworden, und selbst geröstete Insekten verursachen ihm kein Unbehagen mehr. Was verbirgt sich jedoch hinter „Naranjilla", „Tempeh" oder „Durian", welche Vitamine enthalten Passionsfrüchte und Mangos, und welche Zubereitungsart ist für Auberginen am geeignetsten? Dieses Büchlein gibt darüber Aufschluß. Sein Schwergewicht liegt auf den exotischen pflanzlichen Lebensmitteln, Obst, Gemüse, Leguminosen, Nüssen und Gewürzen. Es beschreibt ihre Herkunft, Inhaltsstoffe, chemische Zusammensetzung und Verwendung und ist somit nicht nur für Chemiker und Lebensmittelchemiker, sondern auch für Biologen, Mediziner und Diätmediziner von Interesse.
Es ist aber auch für Touristen und Hobby-Köche ungemein anregend. Anschaulich beschreibt es Aussehen und Geschmack der „Exoten" und berichtet über die angemessene Aufbewahrung im Haushalt sowie über die vielseitigsten Zubereitungsmöglichkeiten. Für den Hobby-Koch enthält es u.a. Rezepte mit genauen Mengenangaben, von der Kiwi-Bowle, über einen Zucchini-Mittelmeertopf, bis hin zur Avocado-Traumcreme.
Hinweise auf die Verwendung in den Herkunftsländern und in der Volksmedizin wecken das Verständnis für die Eigenart dieser Genußmittel. Der Leser erfährt auch etwas über den Herstellungsprozeß von Sojasauce und die Ursache von Muschelvergiftungen. Auch wird es manchem neu sein, daß Haifisch-Spezialitäten sogar in Deutschland seit alten Zeiten eine Rolle spielen und unter Phantasiebezeichnungen wie Seeaal, Schillerlocken, Kalb- und Speckfisch verkauft werden. Das Büchlein leistet damit auch verbraucherfreundliche Aufklärungsarbeit.

Springer-Verlag
Berlin
Heidelberg
New York
Tokyo

Heidelberger Taschenbücher
Basistext Chemie

Band 228

W. Baltes

Lebensmittelchemie

1983. 79 Abbildungen. XI, 352 Seiten
DM 38,–. ISBN 3-540-12775-5

Inhaltsübersicht: Die Zusammensetzung unserer Nahrung. – Wasser. – Mineralstoffe. – Vitamine. – Enzyme. – Lipoide. – Kohlenhydrate. – Eiweiß. – Lebensmittelkonservierung. – Zusatzstoffe im Lebensmittelverkehr. – Schadstoffe in Lebensmitteln. – Aromabildung in Lebensmitteln. – Eiweißreiche Lebensmittel. – Kohlenhydratreiche Lebensmittel. – Alkoholische Genußmittel. – Alkaloidhaltige Genußmittel. – Gemüse und ihre Inhaltsstoffe. – Obst und Obsterzeugnisse. – Gewürze. – Trinkwasser. – Der Aufbau des deutschen Lebensmittelrechts. – Weiterführende Literatur. – Sachverzeichnis.

W. Baltes ist ordentlicher Professor für Lebensmittelchemie der Technischen Universität Berlin und Preisträger der Fachgruppe „Lebensmittelchemie und gerichtliche Chemie“ der GDCh. Sein Buch entstand aus Vorlesungen für Lebensmitteltechnologen an der Technischen Universität Berlin. Es wendet sich vorwiegend an die Studenten des Faches, aber auch an jene, die Lebensmittelchemie im Nebenfach studieren sowie an Mediziner, Lebensmitteltechnologen und die Mitarbeiter in Untersuchungslaboratorien. – Lebensmittelchemie ist mehr als die Lehre von den einzelnen Lebensmitteln und ihren Inhaltsstoffen; es kommt hinzu das fundierte Wissen über die Gewinnung und Verarbeitung der Lebensmittel, über Zusatz- und Fremdstoffe, Stoffwechselreaktionen und nicht zuletzt auch über rechtliche Regelungen. Das Buch gibt einen ausgewogenen Überblick.

Springer-Verlag
Berlin
Heidelberg
New York
Tokyo